# 挑戦する企業城下町

——造船の岡山県玉野——

関　満博／岡本博公編

新評論

# はじめに

全国には企業城下町といわれるところが広く存在している。鉄鋼の室蘭（新日鉄）、釜石（新日鉄）、福山（ＮＫＫ）、広畑（新日鉄）、造船の相生（石川島播磨重工）、因島（日立造船）、玉野（三井造船）、佐世保（ＳＳＫ）、さらに、自動車の豊田（トヨタ）、広島（マツダ）、石炭化学コンビナートの大牟田（三井グループ）などは、その典型的なものとして知られてきた。そして、これらのいずれも、広大な土地、優れた港湾、あるいは先行産業の存在などを前提に、巨大な工場が建設され、それを中心に市街地が形成されていったという点で共通する。景観的にも実質的にも特定巨大工場が中心になり、地域の政治、経済、社会、文化が特殊な形で編成されていったのである。むしろ、ごく最近までは、特定巨大工場を頂点として、地域の全ての要素が垂直的に統合されていることにより、効率的かつ巨大な生産力を形成し、地域は繁栄に酔いしれていた。巨大製鉄所などを基幹とする企業城下町の場合、小中学校の校歌に「煙たなびく」あり様が、いかにも誇らしげに詠み込まれていたのであった。

だが、七〇年代に入ってからの国際経済調整に伴う趨勢的な円高、さらに八〇年代の中頃からは、韓国等の発展途上諸国との競合に直面し、次第に競争力を減退させていく。特に、輸出により巨大な生産力を維持していた鉄鋼、造船等は、過剰生産力に悩み、合理化の名のもとに設備の削減、リストラを推進していくことになる。戦後日本産業の輸出加工型産業構造の時代は終わり、重厚長大型産業から軽薄短小型産業構造への転換が叫ばれ、かつて繁栄を誇った企業城下町の多くは次第に困難の坂道を下っていった。

こうした状況の中で、各企業城下町は地域再生のための新たな取り組みを余儀なくされていく。特定企業に依存していた体質からの転換、雇用の確保、地域の経済を支える新産業の創出などが急がれている。だが、特定企業依存の長い歴史を重ねてきたために、受け身になってしまっている地域の人びとの意識はなかなか変わらず、事態は必ずしも思い通りには進んでいない。特に、特定企業に依存して仕事をしてきた地域の中小企業の多くは、新たな受注先の確保、新事業分野への転換などといわれても、そのキッカケさえ見出すことができずにいる。実際、企業城下町の多くの中小企業は、特定企業に最も適合的な形で編成されてきたため、他への転換は意外に難しい。居心地の良かった企業城下町という狭い世界から、荒波寄せる新たな世界にどのように踏み込んでいくのか、かつての繁栄の代償であるかのように、構造的な制約が大きく横たわっているのである。

そして、この企業城下町の困難は、あたかも日本産業、企業の現状の困難を象徴しているようにもみえる。日本産業、企業自身が現在直面している構造的な問題は、まさに全国各地の企業城下町に典型的に現れているのではないかとさえ思える。特定企業を頂点とする受け身のタテの系列、頭脳部分を巨大企業に依存し自ら多くを考えることの無かった中小企業、特定企業依存により特殊化されている機能、さらに特定企業に依存する地域状況等、企業城下町に特徴的にみられる幾つかの要素は、日本産業、中小企業、さらに多くの地域にも共通する部分が少なくない。むしろ、企業城下町の現在の苦難の歩みの中から、私たちは日本の産業構造、中小企業、地域などのこれからのあり方を見出していかなくてはならない。

以上のような状況に注目する本書は、全国の多くの企業城下町の中から、三井造船の企業城下町として知られる岡山県玉野市に注目していく。玉野市は三井造船の企業城下町であると同時に、本州と四国を結ぶ「宇高連絡船」の発着場（宇野港）でもあった。この二つの要素が玉野の繁栄の基本であったのだが、造船は構造不況に沈み、宇野港は瀬戸大橋開通によりその役割を大幅に減退させている。そして、この十数年の困難をじっと見続けてきた地域の中小企業は、ようやく独自の道を歩まねばならないことを痛感し始めているようにみえる。その向かうべき道は漠として不明だが、ポスト企業城下町、ポスト「宇高連絡船」を余儀なくされた玉野の中小企業は、否応なく新たな取り組みを進めていかざるをえない。私たちはその玉野の中小企業の必死の思いを凝視しながら、日本の地域産業、中小企業のこれからを見届けていかなくてはならないのである。

なお、本書は日本の地域産業の将来に注目する私たちの第一六冊目の報告となった。これまでの一五回の報告の中で、個別地域を扱ったものとしては、第五冊目の岩手県北上市、第七冊目の長野県坂城町、第一一冊目の新潟県燕市、第一五冊目の神戸市長田に続いて第五冊目となった。新興の機械工業集積地である北上や坂城、また、日用消費財金属製品の地場産業地域である燕、さらに震災復興に向かう長田は、いずれも興味深いものであったが、造船により形成された大物金属加工を軸にする玉野の工業集積も全国的にみて際立ったものでもある。玉野の重機械工業集積は、世間一般の軽薄短小化の流れからはかなり遠いが、逆に、日本全体の機械工業集積という視野からすると希少性は著しいといってよい。このあたりをどのようにみていくのか。この玉野の中小企業の集積にはポスト企業城下町というテーマに加え、さらに大物金属加工を得意とする機械工業集積の行方という興味深いテーマが横たわっているのである。

言うまでもなく、全国には今すぐ手掛けたくなるほどの興味深い産業地域が数限りなく拡がっている。そのそれぞれが、二一世紀にどのように生き残り、発展していくかに思い悩んでいる。もちろん抱える問題もそれぞれであり、向かうべき方向も地域の数ほどに異なるであろう。そうした点に思いを馳せながら、私たちはこれからも全国各地の地域産業との交流を深めていきたいと思う。まさに、二一世紀は「地域の時代」であり、また「中小企業の時代」となることは間違いない。本書で扱う玉野も、新たな地域産業、中小企業を幅広く展開していくことを願うばかりである。

また、本書を作成するにあたり、玉野市長山根敬則氏をはじめとする玉野市役所の大倉和法氏、高下通氏、近藤修一氏、さらに㈶玉野地域産業振興公社の中村佳晃氏にはたいへんにお世話になった。記して、感謝を申し上げたい。さらに、私たち研究会メンバーを快く受け入れていただいた三井造船をはじめとする地域の企業の皆様のいっそうの発展をお祈り申し上げたい。玉野の新たな地域産業がいっそう輝いていくことを祈念したい。最後に、いつも私たちのわがままを聞いていただいている二瓶一郎氏に深く感謝を申し上げる次第である。

二〇〇一年二月

関　満博
岡本博公

目次

# 序章　造船業と企業城下町をめぐる諸問題

戦後の一時期までの日本の基幹産業であり、代表的な輸出産業の一つであった造船業は、日本全国に幅広く分布していた。ただし、いずれにおいても、深く切れ込んだ港湾が造船業立地の必須の条件とされていた。そのため、大手、中手といわれる造船メーカーは、北は函館、南は長崎、佐世保、そして、横浜、横須賀、瀬戸内などの各地に広く展開したのであった。これらの中で、比較的人口規模の大きい都市を形成していたのは横浜、函館、長崎等の幾つかに限られ、その他は人口数万人程度の地方小都市を形成したのであった。いわば大半の造船業が立地した地域というのは、急峻な山並みが海に切れ込むような場所であり、平地が乏しく、零細な漁村が展開していたなどの場合が少なくない。そこに、大規模な造船所が立地し、新たに市街地が形成されていくのであった。こうした地域の場合、他の産業が発展する余地は乏しく、特定造船所を頂点とする企業城下町を形成したことはいうまでもない。瀬戸内の玉野、相生などはその典型というべきであろう。

そして、意外な繁栄の数十年を過ぎ、一つの時代を終えようとしている現在、企業城下町は重大な困難に直面することになっている。その一つは、造船所のリストラに伴う人口減、所得や消費の減退による地域経済の疲弊であり、もう一つは、造船所を支えてきた中小企業集積が次への展開の方向を見出しえていないというところにあろう。特に、ポスト企業城下町に直面した地域は、造船所の存在があまりにも大きかったことから、次に着地すべき地域のあり様をイメージすることも難しい。次第に減少していく人口、寂れつつある商店街などを眺めながら、効果的な手を打つこともできないでいるのである。

事態がそうしたところにあるとするならば、地域の力量に見合った人口規模に縮小していくのを黙って待つのか、あるいは、一定の人口規模を維持していくために、新たな産業化を推進していくかのいずれかしかないであろう。そして、多くの地域では、新たな産業化を意識しながらも、実質的な成果を獲得できないまま、深く沈みつつあるといってよい。全国の大多数の企業城下町はほぼこうした流れの中で呻吟しているのである。

以上のような点を意識しながら、本書全体のプロローグとなるこの章では、企業城下町をめぐる問題の構図を明らかにし、さらに、各章で議論される論点というべきものを素描しておくことにしたい。

## 一　企業城下町をめぐる構造問題

企業城下町は安価かつ広大な敷地と豊富な労働力を背景に、確立された大規模な生産設備を設置することにより、地域的かつ自己完結的な生産体系を形成するところに重大な特徴をみることができる。実際、鉄鋼、造船等など大型設備を必要とする産業分野において、企業城下町が広範に形成されている。そして、これらの企業城下町においては、地域を構成するあらゆる要素を取り込みながら、特定大企業の動向そのものが地域全体を根底から揺り動かすという特異な空間を形成するのである。

ここでは、まず、以上のような構造の中に閉じ込められている企業城下町の特質を、それとは対照的な内容を示す大都市工業との対比的な分析によって鮮明にすることから始めよう(1)。

### (1) 企業城下町の中小企業の形成

企業城下町では、広大な敷地と低地価、低賃金労働力という安価な生産要素を求めて進出してきた特定大企業を先行産業として工業集積が進む。その特定大企業の生産設備や技術は一定程度確立されているものであり、当初から大規模工場、大規模生産設備が設置される場合が少なくない。良港に恵まれているとか、原材料を産出するなどが特定大企業が進出する重要な要件となる場合も多い。特に、造船業にとっては水深の深い良港であることが最大の要件である。さらに、特定大企業の大規模工場を中心に市街地が形成され、社会基盤もそれに沿った形で展開されるなど、地域の発展方向はほぼそれによって決定される。

また、大工場は進出後、機械設備の更新や修理、維持保全の必要が生じるが、当初は大工場の中で消化され、その後、次第に外部化されていく。特に、修理や保全は一部に加工組立などを伴うが、一般的な傾向として現場工事の比重が大きいため、大工場の周辺に労務提供型の中小企業を必要としていくことになる。これらは特別な技術や設備を必要とせず、製缶や設備工事といった企業類型である場合が少なくない。

さらに事態が進むと、賃金格差を利用する外部化がいっそう推進され、主要生産工程においても定常的に外部の人員を受け入れていくことになる。造船、鉄鋼、自動車工場などにみられる構内企業、社外工とはまさにこのような役割を担うものである。そして、企業城下町においては、大工場の内と外に賃

表序—1　玉野市の製造業の推移

| 区　　分 | 事業所数（件） | 従業者数（人） | 製造品出荷額等（100万円） | （%） |
|---|---|---|---|---|
| 1989 | 250 | 9,657 | 211,069 | |
| 1990 | 257 | 9,823 | 232,300 | |
| 1991 | 266 | 10,181 | 265,982 | |
| 1992 | 255 | 9,978 | 276,970 | |
| 1993 | 255 | 9,978 | 269,386 | |
| 1994 | 238 | 9,509 | 276,135 | |
| 1995 | 234 | 9,200 | 302,612 | |
| 1996 | 220 | 9,017 | 316,498 | |
| 1997　総計 | 207 | 8,652 | 307,885 | 100.0 |
| 食料品 | 18 | 406 | 12,907 | 4.2 |
| 飲料・飼料・たばこ | 2 | x | x | x |
| 繊維 | 4 | 197 | 3,356 | 1.1 |
| 衣服・その他繊維 | 40 | 1,238 | 14,912 | 4.8 |
| 木材・木製品 | 3 | 31 | 835 | 0.3 |
| 家具・装備品 | 2 | x | x | x |
| パルプ・紙・紙加工品 | 3 | 120 | 2,936 | 1.0 |
| 出版・印刷・同関連 | 4 | 32 | 183 | 0.1 |
| 化学 | 8 | 617 | 19,236 | 6.2 |
| 石油製品・石炭製品 | — | — | — | — |
| プラスチック製品 | 3 | 39 | 413 | 0.1 |
| ゴム製品 | 2 | x | x | x |
| なめし革・同製品等 | — | — | — | — |
| 窯業・土石製品 | 9 | 236 | 5,157 | 1.7 |
| 鉄鋼業 | 9 | 323 | 8,428 | 2.7 |
| 非鉄金属製品 | 1 | x | x | x |
| 金属製品 | 35 | 735 | 17,168 | 5.6 |
| 一般機械器具 | 25 | 344 | 6,448 | 2.1 |
| 電気機械器具 | 6 | 223 | 3,468 | 1.1 |
| 輸送用機械器具 | 32 | 3,812 | 192,007 | 62.4 |
| 精密機械器具 | — | — | — | — |
| その他 | 1 | x | x | x |

資料：工業統計

金格差と仕事の繁閑を吸収するための周辺的な中小企業が集積することになるのである。こうした構図の中にある限り、企業城下町の中小企業は特異な性格を身に着けていかざるをえない。

表序―2　企業城下町と大都市の工業集積

| 区　　分 | 企業城下町の工業集積(例、玉野) | 大都市の工業集積(例、東京大田区) |
|---|---|---|
| 立　　地 | 地方（特定受注先対象）<br>安価な生産要素（低地価、安価な労働力） | 大都市内（需要地指向）<br>高価な生産要素（高地価、高価な労働力） |
| 受 注 先 | 特定大工場 | 広範な受注先 |
| 財の性格 | 成熟した事業分野 | プロトタイプ |
| 生産方式 | 実用品の量産<br>低コスト生産<br>工程単純（繰り返しの生産） | 高級品の少量生産<br>高付加価値生産<br>工程複雑（個々の受注により変化） |
| 技　　術 | 確立された技術<br>設備・技術の幅が狭い | 新たな技術への展開力保有<br>技術の幅広い |
| 生 産 者 | 同質タイプの生産者<br>親企業の好みに従う<br>関連業者の幅が狭い | 個性的な生産者<br>自立的な性格<br>幅広い関連業者 |
| 生産組織 | 生産工程（生産者）が縦に固定化（系列生産） | 柔軟な生産組織<br>（オープンな社会的分業） |
| 流　　通 | 流通過程が単線型（親企業に限定） | 多元的な流通組織 |
| 工業集積 | 加工機能の偏在<br>生産の現場的（開発力欠如）<br>モノカルチュア | 広範な加工機能の存在<br>製品開発力、展開力内蔵<br>多くの産業が重合 |

### 情報、市場的な特質

以上のような経緯により成立してきた企業城下町の中小企業の場合、受注先はほとんど特定大企業一社にすぎず、その意向のままに動いていかざるをえない。自主的に市場情報、技術情報を収集するなどは期待もされていない。その必要もないとされていく。特定受注先からの仕事はほとんど決まりきったものばかりであり、いわば、特定大工場の生産工程の中に強固に組み入れられるという従属的なスタイルにならざるをえない。

この点、大都市の中小企業については、生産要素価格が高いことを反映し、独自に市場情報、技術情報を収集し、高付加価値を維持できるように自らを常に高度化させていかねばならない。そのためには、特定受注先に従属するという形は必ずしも好ましいものではなく、多方面にわたる受注先を求めていかざるをえない。また、大都市では企業城下町と異なり、受注先の拡がりは圧倒的に大きい。こうした事情から、大都市の中小企業は独自な情報収集に意欲的であり、多方面に発生する多様な仕事への目配りを重視している。

その結果、企業城下町の中小企業の場合は、成熟した事業分野に従事するという従属的な立場にとどまらざるをえないが、大都市の中小企業の場合は、広範な受注先の先鋭的な仕事に特殊かつ高度な機能をもって介在していくことになる。このことは、企業としての独自的発展に重大な格差をもたらすであろう。後にみるように、玉野の中小企業の多くは、市場情報、技術情報に疎く、ポスト企業城下町の時代に向けての取り組みが必ずしも十分でないことが指摘されるであろう。

### (2) 技術と工業集積の制約

企業城下町の中小企業の場合には、特定大工場が必要とする技術を受け入れていかざるをえず、その結果、技術の幅は限られたものになり、さらに、各中小企業は自主的に技術を模索していく余地も与えられていない。あくまでも特定大工場の主要工程、主要技術との関わりの中に抑し止められていくのである。

これに対し、大都市工業は自らをよほど独自化、差別化させなければ存立基盤を確保できないことから、技術や設備を存立の最も基本的な要素として重要視している。さらに、新たな技術への取り組みは存立発展の基本的条件であることはいうまでもない。

以上のような事情から、企業城下町における工業集積は、技術の幅が極度に限定されている上に、展開力に欠け、関連業者の幅も狭いなど、特定大工場の当面の必要性からはみ出るような拡がりを持ちえない。加工機能の著しく偏在する奇形的な展開力の乏しい工業集積ということになる。しかも、特定大工場の周辺部を構成する中小企業群については、特定大工場の好みに従った、極めて似かよった同質的タイプの集団を形成することも企業城下町の一つの大きな特徴であろう。

これに対し、大都市工業の場合は、発注主体に恵まれているなどのために、必要とされる加工機能、技術水準の幅が広く、レベルも高いなど、工業集積としての充実の度合いが著しい。しかも、個々の企業の独自化、差別化意識も強いことから、それぞれが狭い範囲で極度に専門化している。さらに、それらの企業は必ずしも特定受注先に拘束されているわけではないことから、必要とする加工機能の組み合わせ、生産組織の編成はフレキシブルである。こうしたことを背景に、大都市の工業集積は展開力、開発力に優れていくことになる。

### 特定大工場への依存の体質

以上のように、企業城下町一般の体質は、長い間にわたって特定大工場への依存に甘んじていたことから、一定の数の中小企業の集積を実現させていても、その内面は非常に限られたものになっている。その結果、これまで、特別の受注活動をしたことがない、玉野の外をみたこともない、与えられた仕事を口を開けて待っていればよかった、のであった。このような形で高度成長期までは、親企業の発展に歩調を合わせながら、中小企業も一定の繁栄を謳歌することができたのである。そのために、独自的展開をしようとする意欲を失っている。また、独自的展開に踏み出そうとしても、外への手掛かりを見出せず、技術的、設備的にも他への展開力を必ずしも備えていないのである。

さらに、特定大工場を頂点として自らを位置づけているため、周囲の中小企業との間での情報交換、技術交流といった視野を備えていないという点も重要であろう。隣に立地する中小企業よりも、始終出入りしている特定大工場の方が身近であるという、集積構造としては特異な垂直統合的な形になっているのである。そのため、中小企業どうしで新たな事態に立ち向かおうとする意欲が生じにくい。また、特定大工場以外の世界を知らないために、自らの技術水準、また、玉野の工業集積全体を他の工業集積地との相対で理解できていない。つまり、自分たちの位置を十分につかみきれていないということである。こうした構造の中にある限り、企業城下町以後の玉野工業のあり方、あるいは、個々の企業のあり方について、明確な展望を抱くことは難しいであろう。

以上のような玉野の工業集積の構造的な制約を突破していかない限り、企業城下町以後の時代を展望することは難しい。地元で常識とされていることが、世間では非常識である場合が少なくない。むしろ、地元の常識を突破するものとして、表序―2に掲げた「大都市工業の工業集積」などに注目し、個々の企業が新たな世界に踏み込んで行くことが必要であろう。振り返るまでもなく、この十数年の間に、交通条件、物流、通信条件は飛躍的に改善された。玉野は決して閉塞された場所ではないのである。閉塞しているのは、玉野に安住していた個々の企業の意識であることはいうまでもない。そこをどう突破していくのかが問われているのである。

## 二　本書の構成

以上のように、企業城下町はある時期までは求心力に富んだ仕組みとして、大きな繁栄を経験した。だが、時代が変わり、アジアの諸国地域の近代工業化の進展、国内における輸出型産業構造から内需型への転換、重厚長大産業から軽薄短小産業への転換などにより、従来型の発展のスタイルを維持していくことができないものになっている。企業城下町の頂点にあった大工場自体、新たな時代への対応に苦しんでいるのである。事態がそうした所にあるとするならば、企業城下町という閉ざされた居心地の良い空間に身を委ねていた中小企業も、新たな世界に自らの意思で踏み込んでいかなくてはならない。

後の各章で検討するように、三井造船の企業城下町として歩んできた玉野の中小企業は、実は非常に特徴のある工業集積を形成している。特に、玉野の三井造船は大型舶用ディーゼルエンジンの生産を行ってきたのであり、とりわけ大物の金属加工を幅広く地域に求めるものであった。他の多くの造船の企業城下町の場合、エンジン生産を行っていない場合が多く、船体の組立、艤装品の組立、取り付けに限定されている場合が少なくない。いわば多くの造船の企業城下町の場合、溶接、製缶作業が中心とされていたのである。だが、三井造船の玉野は、舶用ディーゼルエンジンをも行っていたという点において、他の造船の企業城下町とは決定的に異なっている。そして、この舶用ディーゼルエンジンに関連して玉野の特色のある中小企業工業集積が形成されてきたのであった。

振り返るまでもなく、近年、日本全体として重厚長大産業から軽薄短小産業への転換が進められている。また、重厚長大産業の多くは3Ｋ（キツイ、キタナイ、キケン）職種と言われる場合が多く、高齢化と若年労働者不足に悩んでいる。全国的にみて、玉野ほどの規模で大物金属加工が集積している地域は見当たらない。京浜工業地帯などの大都市工業地域は、すでにそうした機能を脆弱化させているのである。この大物金属加工が集積しているという特色を、今後、日本全体の工業集積の中でどのように主張していけるのかが問われている。むしろ、軽薄短小産業の多くはアジア移管が盛んに行われている。一部の重厚長大産業こそが、国内に残っていくのかもしれない。そうした点も意識しながら、玉野の工業集積の特異性を最大限活かせる形で、次の時代を構想していかなくてはならない。場合によると、玉野の工業集積はわが国にとっての最も重要かつ良質なものとなっていくかもしれない。玉野自身がそうしたことにもっと積極的になっていく必要があるのではないかと思う。

以上のような点を意識して、本書の各章は、以下のような枠組みの中で議論されていくことになる。

## 各章のポイント

第一章の「日本造船業の産業構造と三井造船」は、本書全体を俯瞰する意味で、日本の造船業の全体像を明らかにし、その中での三井造船の位置、さらに玉野事業所の位置をみていくことにする。戦後、急速に発展し、かつて造船王国といわれた日本造船業界も、韓国、中国の飛躍的発展により、厳しい競争環境の中に置かれている。むしろ、現在の世界の造船地図をみるならば、日本、韓国、中国北部という北東アジアの範囲で、世界の新造船の大半を握っているという視野が必要なのかもしれない。事実、日本の造船業界と韓国、中国との交流も深まり、北東アジア全体での日本の役割、あるいは各造船所の役割が問われつつある。そうした点も視野に入れながら、この章では、三井造船玉野事業所の位置を明確にしていくことにする。

第二章の「企業城下町の形成とその後の展開」は、三井造船が玉野に着地してからの地域産業集積形成の歩みを振り返る。玉野市が全国的に存在感を現し始めたのは、一九一〇（明治四三）年のJR宇野線（岡山〜宇野）の開通、宇高連絡船（宇野〜高松）の就航による。その後、一九一七（大正六年）、川村造船所（現、三井造船玉野事業所）が設立されて以来、玉野は三井造船の企業城下町としての歩みを開始したのであった。だが、七〇年代中頃以降、日本造船業は一時期までの勢いを失い、次第に低迷感を深めていく。以上のような大きな流れの中で、企業城下町玉野がどのように変遷してきたのかを、本章では、工業集積という観点から振り返っておくことにする。

第三章の「玉野機械金属工業の基本構造」は、大物金属加工に特色づけられている玉野の工業集積について、加工機能にまで降りての構造分析を進めていく。玉野の機械金属工業集積の最大の特質は、三井造船が大型舶用ディーゼルエンジンの生産を行ってきたという事情から、大物金属加工に優れる中小企業を大量に生み出してきたというところにある。全国的にみても、こうした機能を特色にする工業集積地は少ない。京浜工業地帯、阪神工業地帯といった大都市工業地帯が脆弱化を深めている現在、玉野の重機械工業集積は貴重な存在となる。本章では、そうした玉野の工業集積の内面まで踏み込んでいくことになる。

第四章の「玉野市の機械金属工業の地理的環境」は、瀬戸内海に稜線の切れ込む玉野の地理的な特徴の中で形成された造船業と、それを支えた中小企業の工業集積の空間的な構造を明らかにすることを目的にしている。近年、道路交通の発達等により、空間的な制約は大幅に低下してはいるものの、稜線に囲まれ、平地の少ない玉野は、人びとの地域認識の幅を非常に狭いものにしているようにみえる。そうした意識が企業城下町の成立に求心力として働いたが、他方、ポスト企業城下町の時代に向けては大きな制約にもなっている。以上のような点を意識しながら、本章では、玉野機械金属工業集積の空間構造に光を当てていくことにする。

第五章の「玉野工業の立地分析」は、瀬戸大橋、明石大橋の開通等により大幅に変化している瀬戸内周辺の交通体系などとの関連で、玉野の新たな立地環境を確認し、さらに、ミクロでは玉野市内に形成されている工業団地等の立地上の評価を行っていくことにする。特に、大物機械加工品などの重量物を得意とする玉野の場合、全国市場を意識するならば、交通体系などの変化は重要な意味を帯びてくる。また、海岸まで山岳地帯が迫る玉野の場合、新たな工業空間はなかなか獲得できない。工業団地の展開なども大きな制約がある。本章では、以上のような問題を抱えた玉野の立地環境を総合的にみていくことになる。

第六章の「企業城下町の生産体制と技術構造」は、三井造船を頂点とし、タテ系列につながった玉野の生産体制を明らかにし、そして、企業城下町であるがゆえに形成された技術構造の特異性に注目していくことにする。本章においては、具体的な事例研究に重きを置くが、特に、造船業に特徴的にみられる構内企業、社外工などにも深い関心を寄せていく。また、ポスト造船を意識し始めた玉野の中小企業が、どのような方向に向いていくのか、それを特に技術構造の側面から注目していくことになる。

「玉野地域の中小企業の特色」とする第七章は、地域中小企業の具体的な事例研究を通じて、玉野工業の構造的な特質に踏み込んでいく。個々の具体的な中小企業の中に横たわる諸問題は、地域工業の構造的な問題を明らかにすることになろう。なお、玉野の中小企業に関しては、七〇年代中頃からの造船不況の中で、独自的な路線に踏み出そうとしている企業も少なくない。従来からの三井造船の下請にこだわる中小企業、また、新たな世界を求めようとする中小企業、それらの中小企業の苦難の歩みの中に、玉野の中小企業、工業集積のこれからが投影されてこよう。

そして、以上を踏まえて、終章では、企業城下町玉野のこれからのあり方をみていくことになる。実際、この数年の玉野では、ポスト企業城下町に向けて多様な取り組みが重ねられてきた。九六年三月には、玉野商工会議所を中心に『玉野地域工業活性化ビジョン』(2)も提出され、活性化の基本方向として、「加工機能の専門化」「域内ネットワークの強化」「新たな展開力・創造力の強化」「人材の育成・誘致」が掲げられた。そして、これを前後する頃から、独自な方向に向く中小企業も目立ち始め、また、若手経営者を中心にする異業種交流、インターネットを利用する受発注システムの模索などが開始されている。終章では、そうした点を整理し、今後の玉野の地域産業がどのような方向を向いていくべきか、あるいは、地域産業振興に向けて、自治体、商工会議所等がどのように取り組んでいくべきかをみていくことにする。

全国には玉野のような歴史の古い企業城下町が相当数ある。また、この数十年の間に積極果敢に企業誘致に踏み込み、電気・電子の大規模工場を誘致し、事実上、新たな「企業城下町」を編成している地方小都市も少なくない。だが、この十数年の国際経済調整の中で、それら地方小都市は苦しんでいる(3)。そうした意味では、古くから企業城下町を形成し、多方面にわたる経験を積み重ねてきた玉野の歩みと今後の取り組みは、全国の同様の位置にある地方小都市に重大な示唆を与えるものとなろう。そうした点を深く意識しながら、本書は玉野の独特な工業集積を軸に踏み込んだ議論を重ねていくことにしたい。

（1）地方と大都市の工業集積の対比的な分析に関しては、関満博『伝統的地場産業の研究』中央大学出版部、一九八六年、関満博・柏木孝之編『地域産業の振興戦略』新評論、一九九〇年、関満博『地域中小企業の構造調整』新評論、一九九一年、同『地域経済と中小企業』ちくま新書、一九九五年、を参照されたい。また、大都市工業の典型としての東京大田区の機械工業集積の内面的な分析に関しては、関満博・加藤秀雄『現代日本の中小機械工業』新評論、一九九〇年、を参照されたい。

（2）玉野商工会議所『玉野地域工業活性化ビジョン策定事業調査報告書』一九九六年。

（3）全国の地方小都市の産業振興の問題については、関満博『空洞化を超えて』日本経済新聞社、一九九七年、同『新「モノづくり」企業が日本を変える』講談社、一九九九年、関満博・小川正博編『21世紀の地域産業振興戦略』新評論、二〇〇〇年、を参照されたい。

# 第一章　日本の造船業の産業構造と三井造船

この章では、造船業の産業構造と日本の造船業の現状を明らかにし、三井造船と玉野事業所の位置をみることにする。

さて、造船業は「日本の産業発展のひとつの縮図のような産業[1]」である。「廃墟からの復興、世界への挑戦、世界トップの地位の獲得、構造不況、成熟産業化、中進国の追い上げなど、他の多くの産業で繰り返されてきたこと、あるいは繰り返されるであろう事件が、まことにドラマティックに、造船業の戦後四五年の歴史にはつまっている[2]」からである。そうだとすれば、造船業の企業城下町が抱える困難を考える本書の作業は、「はじめに」に述べたように、企業城下町における日本の産業と企業が直面する構造的問題の典型的なあらわれを、いわば日本の産業発展の象徴的な場で検証する作業を意味することになるであろう。

では、わが国造船業の戦後から今日までを概観しておこう[3]。

## 一　戦後日本の造船業

戦後の荒廃のなかから復興した日本の造船業は、一九五六年には年間造船量が、起工・進水・竣工ともイギリスを抜いて世界の第一位の座につく。朝鮮戦争後の五五年から五七年にかけて発生した第一次輸出船ブームに対し、日本の造船業は、この時期までに、革新的な建造方法となった溶接法とブロック建造方式を確立し、大量受注下における工期短縮とコストダウンに成功したからであり、加えて固定船価制を採用したことが船主に好感をもたれ受注シェアを大きく増大させることになった。この背景には、①戦前の海軍の造船技術を担った人材と設備、②数少ない外貨獲得産業として育成するための計画造船・輸銀融資などの政府の強力な助成、③資材や舶用機器を供給する鉄鋼業、機械産業の発展などがあった。

以後、新造船受注・竣工量は、年度によってシェアの変動はあり、また受注量では韓国に首位を奪われた時期もあるが、おおむね今日にいたるまで世界トップの座を保持してきた。だが、だからといって造船企業が、一貫して、安定した、高い収益を享受してきたわけではない。それどころか、構造不況と二度にわたる設備削減を経験し、造船企業の態様は大きく変化した。この間の経緯を追ってみよう。

わが国の造船業は、主として復金融資(のちには輸銀融資)による計画造船と、朝鮮戦争特需を背景とした海運業の発展に伴う船舶発注の増大によって戦後復興の基盤を確立し、五〇年代半ばの第一次輸出船ブームを契機に飛躍的に拡大した。この時期は、朝鮮戦争後の経済発展と海上荷動き量の拡大、とくに中東戦争下でのスエズ運河閉鎖による海上運賃高騰が船舶需要を急激に増大させ、短納期での建造が強く求められた。しかし、当時首位の座にあったイギリスは大量の手持ち工事(受注残)を抱え、こうした需要増に即座に対応することができず、投機的傾向の強いギリシア系船主を中心に、他の欧米船主をも巻き込んで海外から日本への大量の発注が生じたのが第一次輸出船ブームである。

このブームはスエズ運河の再開による運賃急落と欧米の景気後退によって収束し、不況期に入るが、六二年秋ごろから第二次大戦時に大量建造されたリバティー型貨物船が代替期に入ったことによる第二次輸出船ブームを迎える。さらに六五年以降、石油需要の増大、スエズ運河再閉鎖（六七年）に伴う大型タンカー需要の増大やベトナム戦争の激化による海上荷動き量の増大によって貨物船やタンカー需要が増大し（第三次輸出船ブーム）、造船業は持続的なブームを経験する。とりわけ七四年には、石油危機後の石油備蓄用タンカー需要の増大や円切り上げを見越した海運業者の投機的発注などを背景として、空前の活況を呈するにいたった。このピークを境に石油危機後の景気後退とタンカーを中心とした過剰船腹の蓄積の結果、受注量が激減し、以後、キャンセルや船種変更などによる未曾有の低迷期に入った。

一方、長い活況下で造船企業は競って大型船建造設備の新設等、設備拡大を積極的におしすすめた。六〇年代に入り、船舶の大型化が進展したため、大型船を建造することのできる船台・ドックの保有が受注の前提条件になったこと、またこうした大型の船台・ドックを利用した連続建造法によるコストダウンが受注の確保を決定的に有利にしたことなどによって、主として大型タンカー建造を目的とした大手企業の大型船台・ドックの新設がすすみ、これに対応して中型タンカー市場への中堅企業の新参入がみられ、設備が急拡大した。造船業は、輸出産業として育成され、一貫して産業政策によってリードされる産業であったが、七〇年代前半の運輸省・海運造船審議会の強気な需要見通しも各社の積極的設備拡大を後押しした。

ところが、石油危機後は、こうした設備が一転して過剰設備に転化した。この結果、造船業は構造不況業種に転落し、八〇年の第一次設備削減、八八年の第二次設備削減と二度にわたって過剰設備の処理を迫られることになった。第一次の設備処理では、五千総トン以上の船舶を建造できる船台・ドックを対象に基数単位で船台・ドックの削減が実施された。この結果、七五年に九八〇万CGT（標準貨物船換算トン数）あった外航船建造設備能力は六〇三万CGTに縮小した。次いで第二次設備処理によって、四六〇万CGTに削減された。こうして、一九八九年には日本の造船能力はピーク時の四七％にまで減少した。七四年に一三八基あった船台・ドックは四六基になった。現在では、五千総トン以上の建造能力をもつ造船会社は、一三社、八グループに集約されている(4)。

一方、この間、わが国造船業の停滞の間隙を縫って台頭したのは中進国の造船業、とりわけ韓国造船業の飛躍であった。韓国造船業は、日本の造船業が削減した設備能力にほぼ匹敵する設備力を増強し、かくして日韓の激しい競争が展開されることになった。

韓国造船業は、八〇年代の中盤に入って急伸長した。韓国造船業は、日本の戦後復興期以上に外貨獲得の輸出産業として育成され、急速に大規模な造船設備を建設し、規模の経済性と相対的に安い労働力を武器に、一挙に国際市場で躍進した。とくに、八五年以降の円高の進展によって、日本に対し価格競争力を強め、大量の新造船受注に成功し、ついに一九九三年には新造船受注量で世界の首位に踊り出た。その後、韓国経済危機や労働コスト上昇の影響や設備削減以降強化された日本造船業の受注力によって、首位の座を継続的に維持することはできなかったが、経済危機からの回復と再編を経過し、再び競争力を強めている。九九年には、九〇年代半ばの設備増強を背景とした活発な受注活動によって新造船受注量で六年ぶりに首位に返り咲き、二〇〇〇年には日本との差をさらに広げようとしている。

こうして、「はじめに」で紹介したように、日本の造船業は、戦後、およそ半世紀の間で激しい変動を経験することになった。では、このような激しい変動はなぜ生じたのだろうか。次節では、造船産業の産業特性からこの経緯を検討してみよう。

## 二　造船業の産業特性

一般に産業の特性は、基本的には市場の特徴、つまりどのような製品がどのように求められるかということと、生産の特徴、つまり、その製品がどのような技術でどのように生産されるかという二つの要因によって規定されるといってよい。では、造船業はどのような特徴を持つのだろうか。

### 造船業の市場

さて、造船業が生産する船舶のうち、もっとも大きい部分を占める商船の需要産業は海運業であり[5]、海上輸送市場（海運市場）での設備として需要されるが、船舶が可動的であることによって海運業は国際的な性格を強く持っている。一方、船舶が可動的であることは、竣工後に製品自体が需要地域まで自走でき、したがって生産地がどこであるかがそれほど問題にならないことにもなる。こうして、船舶も国際商品の性格を持つ。造船業の市場は、需要産業の性格からみても、製品の性格からみても、本来的に国際的であり、国際競争に強く巻き込まれているのが第一の特徴である。このことは、もし国際市場で一定の競争力を持つことができれば輸出産業として存立できることを意味する。わが国にしろ韓国にしろ、この産業の発展に際して、特に外貨獲得の要請が強い時期に、政府が強力な育成政策をとり、競争力を強化しようとしたのはこのためである。

商船、とくに貨物船は、一般には積荷の種類によって、タンカー、LPG・LNG船、バラ積み船（バルク・キャリア、これは積荷の種類によって細分され、鉱石専用船・穀物専用船・自動車運搬船など多様である）、一般貨物船（とくにコンテナ船）などに船種分類され、さらに大きさ（総トン数、あるいは載貨重量トン数など）によって区分される。これらの商船需要は、経済活動による荷動き量によって変動する。どのような船種が求められるかは、基本的にはどのような種類の荷動きかによって決まってくる。海運企業は、自己が保有する船舶量（船腹）と荷動き量を予測して、船腹が不足すると予想されれば造船企業に発注する。こうして船舶需要は、基本的には①経済活動を反映する海上荷動き量と、②海運企業が保有する船腹量に規定され、さらに船舶寿命による代替需要がこれに加わる。

ところが、船舶の建造には長期の時間を必要とする。発注から引き渡しまでに要する時間は船種・大きさ、あるいは造船企業の手持ち工事量によって異なり、一概には言えないが、通常は一〜二年を要する。海運企業は、景気動向と荷動き量を予測し、船腹量を調整するわけだが、発注から短時日で必要な船舶を入手できるわけではない。海運企業としては、海上荷動きが最も激しく、船舶需要の逼迫した時点でタイミングよく必要な船舶を投入し、高い運賃を得たいわけだが、船舶の建造は短期間では不可能なので、ある程度長期にわたって景気動向と荷動き量を予測し、船舶の手当てをしなければならない。しかし、当然のことであるが、長期間にわたるこうした予測を正確に行うことは容易なことではない。好況下で発注した船舶が竣工し、海運企業に引き渡される時点では、当初の予測とは異なって景気が暗転し、この結果過剰船腹を引き起こして海運運賃を低迷させることもしばしば起こりうる。その結果、船舶需要を低迷させる。逆に、海運運賃が高騰するタイミングで他社に先駆けて船舶投入できれば大幅に利益を得ることができるわけだから、いつ好況に転化するか、好景気がどれほど持続するかの予測、あるいは思惑と投機によって、船舶需要が実需を超えて変動する可能性も高い。こうして船舶の実需自体は景気変動の影響を敏感に反映して変動するのであるが、海運企業の企業行動はこの変動を増幅しがちである。この結果、造船企業は景気動向の影響を増幅して受ける傾向が強い。このことが船舶需要と造船市場の第二の特徴である。さらに船舶の寿命は二〇～二五年と長く、ひとたび過剰船腹になったからといって、その解消は容易には進まない。このことが造船業の不況を長期化させる要因となる。

船舶は、大型化・高速化・自動化・あるいは経済船化など、設計・製造技術の発展によって進化してきたが、総じて成熟商品であり、製品差別化の度合いはそれほど大きくはなく、通常は価格（船価）が競争優位にとって決定的に重要であるといわれている。船舶は、一品ごとに受注生産され、その仕様は船主の要望によって多様であり、こうした場合、差別化の度合いも価格の比較も容易なことではないが、船主の希望による仕様は価格に反映されるので、価格が競争に占める比重の強い市場であるといってもそれほど支障がないであろう。造船市場の第三の特徴は価格が重要な競争要件であることである。このことは造船業におけるコスト引き下げと価格競争を熾烈なものにする。さらにこの価格競争は国際市場で行われるので、為替変動の影響を強く受けることになる。韓国が日本に対して競争力をもった大きな要素に円高・ウォン安がある。

第四に、製品差別化の度合いはそれほど大きくないとはいえ、品質・納期などの非価格競争力も当然のことであるが一定の競争優位に直結する。短納期は海運企業の迅速な船舶投入にとって重要であり、品質面では船舶の安全性はもちろんのこと、速度や燃費の持つ意味も小さくない。だが、これらの非価格競争力が、価格競争に抗して優位性を発揮する範囲は必ずしもそれほど大きいわけではない。たとえば、日本の船舶は納期・品質等の優位さによって韓国船に対しては三%、中国・東欧船に対しては、十数%程度のプレミアムがつくといわれるが(6)、逆に日本企業の納期・品質による優位性が価格競争に抗しうる範囲は、このプレミアム範囲までであり、この程度の価格差までであれば競争力を確保できるが、この差がさらに広がれば苦境に陥る。円高・ウォン安や、中進国の造船業が労務費を中心とするコスト競争力で伸長できる理由がこの点にある。

こうして造船業は、国際的な競争関係の中で、価格のもつウエイトが高い産業であり、しかも、経済活動の状況と海運企業の予想・思惑によって需要量が大きく変動する市場特性を持つ産業である。

## 造船業の生産

船舶の建造は、船体の構造を作る船殻工程と機関・諸設備を据え付ける艤装工程からなり、両者は同時並行的に進行する。船体建造工程では、設計原図に従って鋼板が切断され、小組・中組・大組という部分組立工程で個々の部材を組み合わせ、溶接してブロックを建造する。さらに、船台・ドックでこのブロックを溶接し、船体を作り上げていく。この工程で機関をはじめ各種の舶用機器が搭載され、進水する。そして、先行的に船台・ドックで艤装されたもの以外の部分が海上で艤装され、引き渡される。

こうして造船業は、自動車産業や電機産業といった組立産業と同様に多くの部材製造工程が最終的にひとつの完成品に収斂していく収斂(ビルト・アップ)型のプロセス構造をもち、主機関(ディーゼルエンジン・タービン）をはじめとした各種の船用機器を生産する機械産業の広範な裾野と材料を供給する鉄鋼業の上に立脚する総合組立産業である。しかし、自動車産業や電機産業のような同種の製品がライン上連続して流れる大量生産型の組立産業に比較して、一品ごとに仕様が異なる製品が組み立てられるケースが多く、標準化・自動化が進みにくいため労働集約的性格が強い産業である。このことが生産の第一の特徴である。

先にも述べたが、船舶の建造には長い時間を必要とする。通常、受注から引渡しまで一～二年といわれるほど、所要期間が長い。船舶は、基本的には単品ごとの受注生産であり、同一船種を大量受注するケースは別にして、通常は一隻ごとに設計が行われ、この設計に基づいて主要機材が調達され、ブロック建造・組立・艤装が行われる。他の多くの製造業では、受注生産であっても、あらかじめ予測に基づいてある製造プロセスまで進行させ、中間品を準備しておき、注文に応じて完成品に仕上げるといった工期節約・納期短縮の方法を採ることがあるが、ある場所を占拠して大型の構造物を組み上げていく建設業と似た性格を持つ造船業ではそうした手法が採りにくい。さらに、個々のプロセスは大型の構造物や機関の製作・設置であり、機械系の組立産業の多くでみられる流れ作業方式は採りにくく、このため生産所要時間が長い。とりわけ、船台・ドックで船体を完成させる工程の所要時間が長い。生産に要する時間がきわめて長いことが造船業の生産の第二の特徴である。

戦後の技術革新によってリベット鋲接法が溶接法に変わり、ブロック建造法が生まれ、船台・ドックでの工数はかなりの程度まで少なくなったが、それでも最終的にブロックは船台・ドックで接合され、主機関等主要な機器も船台・ドックで搭載される。したがって、造船企業の生産可能な船舶の規模と生産能力は、主要には船台・ドックの規模と能力に規定される。船舶が大規模化すれば船台・ドックとクレーン等の付帯設備も大規模化する必要がある。こうして、船舶の建造プロセスそれ自体は先にも述べたように労働集約的性格が強いが、しかし船台・ドックを核とする造船所に具現する大規模な敷地と構築物を必要とし、しかもそれは船舶が大規模化するにともなって大規模化しなければならない。船台・ドックの規模が、建造可能な船型の制約条件になるので、船舶の大型化が進行するもとでは、造船企業は可能な限り大規模な船台・ドックを保有しようとする。大規模な船台・ドックの保有は、造船企業が競争優位に立とうとする限り避けられない。このことが造船業の生産における第三の特徴である。

さて、このような生産の特徴、つまり、大規模な船台・ドックを必要とする労働集約的な総合組立産業であり、そこでは単品受注生産が行われ、一品の生産に相当長期間を要するということが、造船企業の競争力とどのようにかかわるのだろうか。

第一に、造船企業のコスト競争力は、総合組立産業なので、資材、特に鉄鋼企業からの鋼材調達、広範な機械産業からの機器調達をどのように行うか、さらに労働集約的な産業なので、低廉で大量の労働者をいかに確保するかに大きく左右される。そのうえ、これらの膨大な資材・機器・労働者を工事の進捗にあわせて効率的に生産活動に投入できるかどうか、つまり生産管理・工程管理・工数管理の習熟度もコストに大きく関与する。しかも、この工程進捗に伴う生産・工程・工数管理は船舶の建造期間すべてにわたって長期的に整合的なものでなければならない。生産・工程・工数管理に習熟することによるコスト低減への寄与は大きい。また、自動化しにくい産業ではあるが、逆に自動化できれば工数低減と労務費の節減効果は大きい。近年、造船企業が競ってＣＩＭ化・自動化へ注力するのはそのためである。

第二に、工期を短縮できれば、競争上優位にたてる。工期短縮による競争優位は二重に作用する。ひとつは、工期が短縮できれば、納期を短縮でき、このことによって非価格競争力を強めることができる。海上荷動き量に対応して適切に船舶を投入したい海運企業は短納期を欲するからである。もうひとつは、工期短縮は、それだけ工数の低減を伴うので、コスト削減に直結する。先に述べたように、労働集約的な生産が行われる造船業では、工数低減によるコスト削減効果は大きいからである。

工期短縮にとって決定的な意義を持つのは、船台・ドックでの所要時間を短縮することである。数の限られた船台・ドックをいかに有効に活用するかがポイントである。ブロック建造法は、船台での所要時間を短縮し、工期を短縮する画期的な方法であった。船台・ドックでの工期をさらに短縮するためにブロックを大型化する方法がある。また、船台・ドックを大規模にし連続建造が可能であれば、工期は短縮する。流れ作業の行いにくい造船業で、船台・ドックを大規模にしてセミ・タンデム方式の建造を行うのが連続建造方式であり、船台・ドックの有効活用を図るものであった。このことは、船台・ドックの大規模化にいっそう拍車をかける。大規模な船台・ドックを保有することは、造船企業の競争力を根底から規定する。さらに機器や鋼材など資材供給業者から、適時に所要機器・資材が納入されるかどうかも工期に大きく影響する。可能な限り再加工が不要な資材・機器が納期どおりに納入されれば工期を短縮できるからである。海上での艤装期間も長いので先行艤装も工期短縮にとって重要な方策である。

ところが、第三に、大規模な船台・ドックに象徴される大規模な固定資本とそれにともなう固定費負担によって、造船企業は受注量と手持ち工事量の先行確保を余儀なくされる。ところで、先に述べたように船舶の建造期間は長いので、受注と手持ち工事の先行確保とは数年先の受注残を持つことを意味する。造船企業が安定的に操業するためには、長期間にわたって工事量を持たねばならず、数年先にわたって受注量を確保できているかどうかは、造船企業の生産の安定性を決定づける要因である。しかし、こうした造船企業の受注と手持ち工事の確保は、今度は納期の長期化に直結する。

以上のように、造船業の市場の特徴は、船舶は本来的に国際商品であり、国際競争が展開されていること、景気変動の影響を増幅して受ける傾向が強いこと、価格が重要な競争要因であることであり、造船業の生産の特徴は、大規模な固定資本に支えられた労働集約的な総合組立産業であり、生産所要時間が長いことであり、その結果、先行き数年間にわたる受注を確保する必要があり、コストと工期を短縮するために、可能なかぎり良質で低廉な資材・機器と労働者を確保し、かつ工程管理・工数管理を徹底する必要があった。また、ブロック溶接や連続建造・先行艤装等によって、コストと工期を短縮する必要があった。このような造船業の市場と生産の特徴が、第一節でみた造船業のいわば「日本の産業の典型例」としての歴史的経緯を説明する。ここでは、①戦後の急成長、②構造不況業種への転換、③韓国の躍進の三点に絞ってこのことを考えてみよう。

① 一九五〇年代半ばに日本の造船企業が世界のトップの座を奪うことができたのは、すでに述べたように、この時期までには日本の造船業がいちはやく溶接法とブロック建造方式を確立し、工期短縮とコストダウンを成功させたからであり、このことが固定船価を採用可能にし、海運企業に受容されたからである。このようなコスト優位の競争条件は、六〇年代半ばまでの発展を支えることになった。

② しかし、一方で次第に大型船、とくに大型タンカー需要が急伸長し始めた。これに対し、造船企業は、競って大型船が建造可能な大型船台・ドックを設置し、連続建造などによってコスト削減・納期

短縮を試みる。この結果、造船業の設備投資は急拡大する。このことが、七〇年代後半の造船業の構造不況の条件を醸成した。

すでに述べたように需要の伸びが期待できる限り、大規模な船台・ドックの建造は造船企業の競争優位の源泉である。しかし、船舶の寿命は長く、過剰船腹に陥るとその解消には長期を要する。大規模な船台・ドックによる建造能力の急拡大と、石油危機後の過剰船腹によって、それらの拡大した建造能力が一挙に過剰設備に転化したこと、海運企業の過剰船腹の解消が容易に進まず、造船企業の過剰設備が構造化したことが、二度にわたる設備削減を余儀なくされる造船業の構造不況の根本的な要因である。

③　韓国造船業は、欧州からの技術導入、政府の強力な助成によって育成された。特に初期は組立に特化し、大規模な船台・ドックと豊富かつ低廉な労働力によって急速に競争力をつけた。造船業は、労働集約的産業であり、労務費の安さが国際競争力に持つ意味は大きい。同時に、大規模な船台・ドックの建設も強力な武器であった。しかも、価格の持つ比重が高いので、低コストに支えられた低船価が韓国を一気に国際舞台に引き上げたのである。為替動向も韓国の低船価戦略を支えることになった。しかも、労働集約的性格が強いために、低船価を武器に受注量を拡大し、建造経験を重ねることによって、学習効果を累積でき、コスト競争力を定着させていった。また、建造量を拡大するにつれて周辺の船用機器製造関連産業も育ってきた。今日では、なお総合的に見れば日本の競争力は韓国を凌駕するとみられているが、為替動向が韓国造船業の価格競争力をいっそう強めている。

## 三　三井造船と玉野事業所

それでは、このような日本の造船業の歴史の中で三井造船と玉野事業所はどのような発展の経緯をたどり、どのような位置を占めているのだろうか。この節では、日本の造船業における三井造船と玉野事業所を検討しよう。(7)

### 三井造船

三井造船は、一九一七年、三井物産の造船部として宇野仮工場からスタートし、一九一九年に玉地区（現、玉野事業所）に移転、本格的な操業を開始した。したがって、玉野事業所は三井造船の発祥・拠点の地であり、長期にわたって三井造船の中核事業所であり、三井造船の歴史を担ってきたといってよい。

さて、玉野で操業を開始した三井造船は、ほぼ一〇年で三菱重工業・川崎重工業に次ぐ位置を占めるとともに、戦前から関連事業として鉄構部門に進出し、多角化を図った。船舶建造では、終戦までに、商船一六五隻・約七八万総トン、艦艇三四隻二・六万排水トンなどの実績を積んだ。しかし、終戦時に約八〇万総トンの船台能力を保有しながらもわが国海運業界の壊滅的状況によってほとんど致命的危機に陥ったが、一九四七年からの計画造船によって復興、さらに四八年、他社に先がけ戦後初の輸出船を受注するなどの実績をあげた。その後の推移は基本的には、日本の造船業の推移とほぼ同じ経過をたど

図1—1　日本・三井造船の船舶建造量の推移

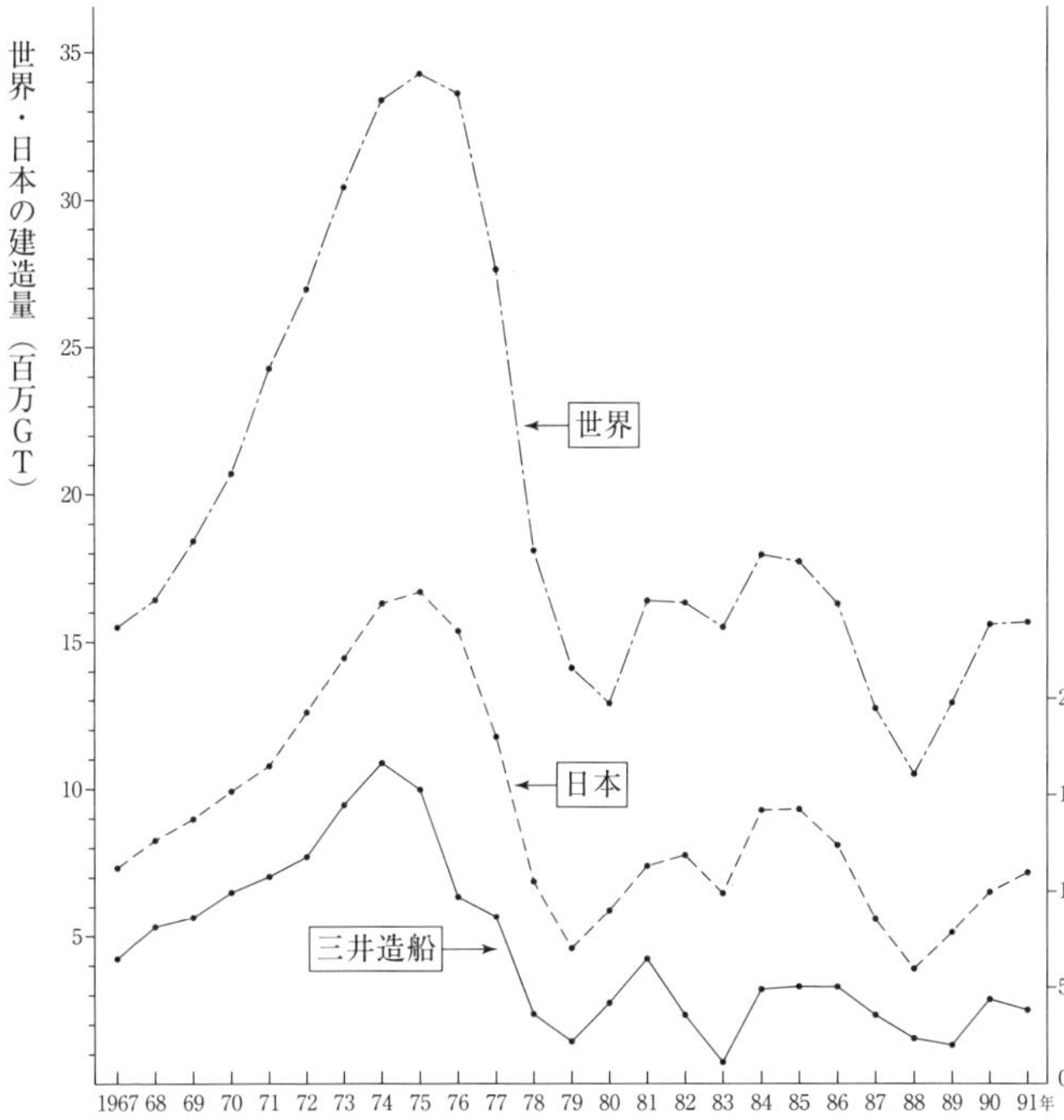


資料：『三井造船株式会社75年史』1993年、304ページ。

ることになる（図1—1）。

とくに六五年以降、ベトナム戦争の本格化、第三次中東戦争によるスエズ運河の封鎖、先進国の高度成長による石油エネルギー需要の急増などにより造船界は飛躍的に発展するが、この間の船舶需要の急増と船型の急激な大型化（とくにタンカーの大型化）に対し、三井造船は千葉工場（現、千葉事業所、一九六二年操業）の建設によって対応した。千葉事業所では、六五年には、一五万重量トンクラスの建造が可能な一号A・Bドックが完成、さらには六七年には五〇万重量トンクラスが建造可

表１—１　三井造船の最近５年間の事業構成

（％）

| 区分 | 1994 | 1995 | 1996 | 1997 | 1998 |
|---|---|---|---|---|---|
| 船舶 | 29.2 | 31.4 | 35.1 | 26.6 | 35.7 |
| 鉄工建設 | 15.0 | 13.2 | 14.3 | 19.0 | 16.0 |
| 機械 | 25.9 | 25.6 | 25.2 | 22.3 | 26.3 |
| プラント | 17.8 | 22.0 | 19.0 | 24.5 | 17.9 |
| その他 | 12.1 | 7.8 | 6.4 | 7.1 | 4.1 |

資料：三井造船『有価証券報告書総覧』より作成。

能な二号ドックが完成、七三年には三号ドックが完成し、七五年には年間進水量二二六万重量トンという単一造船所の世界一を記録する。一方、六〇年代後半の造船企業の再編（合併・集約化）によって、三井造船は、藤永田造船所と合併、ＶＬＣＣ・ＵＬＣＣなど超大型船は千葉、その他の大型・中型船は玉野、中・小型船は藤永田（のちの大阪）の三事業所体制が確立した。さらに七三年には、由良（和歌山）に大型修繕ドックを完成させ、三井造船の歴史上最も拡充した生産体制を構築した。

　ところが、先にも述べたように七五年以降の構造不況に直面して、三井造船も設備削減を余儀なくされる。第一次設備処理では、提携関係にあった四国ドック、日本海重工とグループ処理を行い、玉野三基、千葉二基、藤永田二基の計七基あった新造船用の船台・ドック（六二万三千ＣＧＲＴ）は玉野二基、千葉一基の計三基（三七万九千ＣＧＲＴ）に削減され、藤永田は新造船から撤退した。この時期に計画された大分での超大型ドックの建設は見送られ、大分事業所は、鉄構造物・クレーン・海洋機器など大型鉄構造物の事業所に変更された。さらに八八年三月までの第二次設備処理では、玉野・日本海重工の船台・ドックを一基ずつ廃止し、玉野、千葉各一基の船台・ドック体制（三二万三千ＣＧＲＴ）に縮小、最盛期のほぼ半分の体制になった。

　一方、六〇年代は大手造船企業が造船部門の不安定な収益基盤を補強するために陸上部門への進出を強めた時期であり、日本経済の高度成長期の活発な設備投資に呼応して各社とも陸上部門を拡大し、共

### 表1—2　船舶シェアの推移

| 1994 | | 1995 | | 1996 | | 1997 | | 1998 | |
|---|---|---|---|---|---|---|---|---|---|
| 三菱重工 | 12.6 | 三菱重工 | 13.4 | 三菱重工 | 12.3 | 三菱重工 | 14.7 | 三菱重工 | 9.1 |
| 石川島播磨 | 7.9 | 日立造船 | 10.5 | 石川島播磨 | 6.7 | 石川島播磨 | 6.8 | 三井造船 | 7.5 |
| 今治造船 | 7.1 | 今治造船 | 6.8 | 日立造船 | 6.5 | 日本鋼管 | 6.8 | 日立造船 | 7.3 |
| 日本鋼管 | 6.6 | 三井造船 | 6.0 | 三井造船 | 6.1 | 川崎重工 | 6.8 | 石川島播磨 | 6.9 |
| 川崎重工 | 6.3 | 石川島播磨 | 6.0 | 今治造船 | 6.0 | 今治造船 | 6.7 | 今治造船 | 6.2 |
| 完工量 | 8,603 | | 9,263 | | 10,182 | | 9,568 | | 10,200 |

注：単位は％。完工量は千総トン。
資料：日経産業新聞編『市場占有率』各年版より作成。

### 表1—3　造船・重機械企業の事業構成　1998年度

（％）

| 三菱重工業 | | 日立造船 | | 川崎重工業 | | 石川播磨重工業 | | 住友重機械 | |
|---|---|---|---|---|---|---|---|---|---|
| 船舶・鉄構 | 18 | 環境装置・プラント | 36.8 | 船舶・車両 | 16 | 機械 | 10 | 機械 | 18.1 |
| 原動機 | 30 | 船舶・海洋 | 22.3 | 航空宇宙 | 22 | 物流・鉄構 | 19 | 船舶鉄構・機器 | 38.4 |
| 機械 | 23 | 鉄構・建機・物流 | 20.5 | 機械・環境・エネルギー | 15 | プラント | 28 | 標準・量産機械 | 23.5 |
| 航空機・特殊車両 | 17 | 機械・原動機 | 15.2 | 産機・鉄構 | 15 | 汎用機・他 | 8 | 環境・プラント・他 | 19.8 |
| 汎用機・冷熱 | 12 | | | 汎用機 | 29 | 航空・宇宙 | 22 | | |
| | | | | | | 船舶・海洋 | 13 | | |

資料：各社『有価証券報告書総覧』より作成。

通に造船部門の比重を低め、総合重機メーカーに変身した。三井造船も六〇年代半ばには陸上部門の売上げを造船部門と対等にする目標を立て、次第に陸上部門を強化した。

八〇年代末から九〇年代序盤では、過剰設備処理が奏功したこと、また内需主導型経済への転換のもとで旺盛な設備投資、いわゆるバブル経済に支えられて造船部門・陸上部門とも収益を確保したが、九〇年代中盤には、造船部門では新規受注を抱えながらも船価が低迷したこと、またバブル崩壊によって陸上部門が低迷したことによって、再び苦境に陥り、九七年度決算では、売上高一五・三％減、営業損失一九五億円、経常損失一八八億円、当期純損失一三六億円となった(8)。この結果、九八年度には経営再建計画の策定を余儀なくされ、鉄構部門の大阪（旧藤永田）事業所は撤退、由良事業所は分社化することとなった[9]。こうして、現時点の三井造船は、船舶・機械・プラントを生産する玉野事業所、船舶・鉄構・プラントを生産する千葉事業所、鉄構・プラントを生産する大分事業所の三事業所から成る。最近五年間の事業構成は表1―1のようであり、九九年度の売上高は三二七六億円である。表1―2では最近のシェアを、表1―3では事業構成を他社と比較しているが、造船部門の比重が高い特徴をもつ。

## 玉野事業所

さて、玉野事業所はすでに述べたように、三井造船の中核事業所として発展した。千葉事業所が稼動するまではすべての三井造船の新造船を担当し、千葉事業所稼動後は、主としてバラ積み船・貨物船等の新造船を担当した。さらに、機械・海洋構造物等に多角化した。しかし、構造不況下での設備削減で一般商船新造船用に三基あった船台も一基になり、プラザ合意後の円高による採算悪化のもとで一時は新造船を中止し、大幅な人員削減に追い込まれたが、九〇年代に入って、四万～五万総トンクラスのバルク・キャリアの需要が増大し、現時点ではほぼフル操業にある。現在の玉野事業所の全容は以下になっている。九四年度の玉野事業所の事業構成は図1―2に示す。船舶・防衛関連はその後もおおむね三〇％前後の推移で現在もそれほど変わっていない。機械部門はディーゼルエンジン・回転機（圧縮機・タービン）・クレーン等であり、八三年以降、三井造船の機械部門は玉野事業所に集約されている。従業員は現時点では一九二五人、社外工（構内下請け）は約一〇〇〇人である（八五年のピーク時は従業員八四〇〇人、社外工四〇〇〇人であった）。資材・機器等を供給する協力企業は、四団体七九社

図１—２　三井造船玉野事業所の売上高の内訳（1994年度）

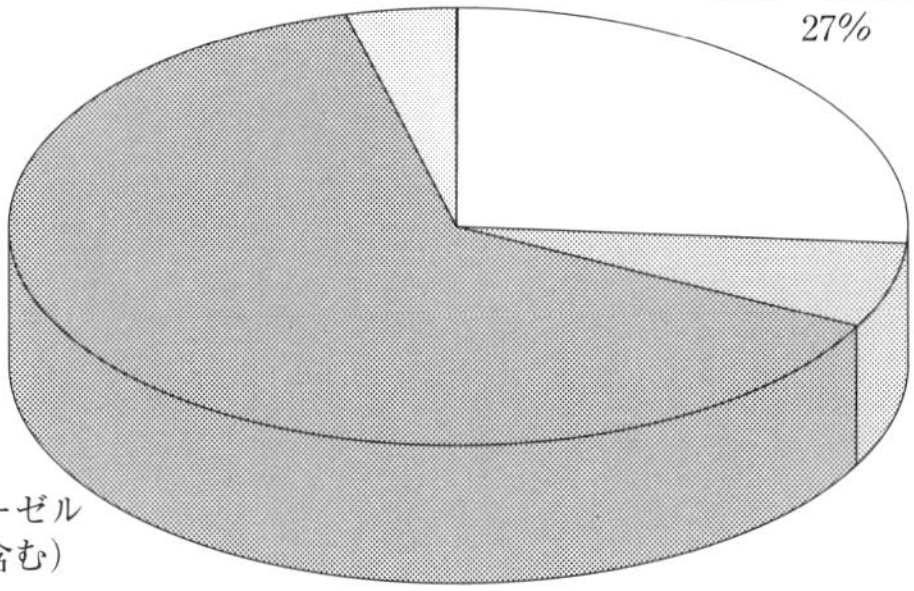


原資料は三井造船玉野事業所。
出所：玉野商工会議所『玉野地域工業活性化ビジョン策定事業調査報告書』1996年、による。

（重複を含む）、資材部が協力企業として登録しているものはこれらを含んで八五社ある[10]。

玉野事業所の特徴は以下の点にある。第一に、玉野事業所は船台方式を採用してきたために、大型船の建造に限界があることである。船台方式は、ドック方式に比べて進水が難しく、大型船の建造に適していない。さらにドック方式は、ドックスペースの広さを利用して複数隻の建造を同時並行して進める連続建造によって効率的に大型船を建造できるが、この点でも限界をもつ。したがって三井造船でも、船舶の大型化が進行する時点で千葉事業所を建設し、大型タンカーの建造は千葉に移したが、このことが逆に玉野の独自の地歩を確立する契機になった。つまり、構造不況や韓国造船業との競争下で、新造船需要がタンカーから他の船種に移るにつれて、バラ積み船などでの建造経験を豊富にもつ玉野は独自の地位を確保することになった。

第二に、玉野では早くからディーゼル機関が内製されてきた。三井造船は、発足当初の一九二六年にデンマークのバーマスター・アンド・ウエイン社（B&W社、八一年にMAN　B&W社と改称）との間にディーゼル機関の製造販売実施権を締結、以後玉野事業所が製作するディーゼル機関は、三井B&Wディーゼル機関（のちに三井MAN　B&W　ディーゼル機関）としてブランドを確立、主機関が大型タンカーの出現によって高出力化が要請されたことに対しディーゼルエンジンは高過給・大口径化を実現して蒸気タービンにとって変わったことにより、以後大きく発展することになった。玉野事業所が生産する舶用を中心とするディーゼルエンジンの九九年の売上高は約三二〇億円であり、国内シェアの三〇%を占める最大手である。(11)

造船企業がディーゼル機関を内製することの意義は大きい。ディーゼルエンジンは船体の設計・製造とともに船舶の性能を決定する基本的な要素の一つであり、ディーゼル機関を内製し、熟知することによって船舶設計を効率的・効果的に行うことができ、また船価決定に際して一定の裁量範囲をもつことができる。そのうえ、ディーゼル機関は海外企業との技術提携によるものが圧倒的に多く、したがってすべての造船企業が主機を内製できるわけではないので、外販の機会が多いことである。このため、造船部門の低迷期でもディーゼルエンジンによって収益を確保することができる。船舶の製造・販売とは別の収益源を確保していることの意味は大きい。

第三に玉野の造船部門はすでに八〇年を超える歴史を持ち、習熟した協力企業・労働者を抱えていることを指摘できる。船舶の製品コストのおよそ六〇%が外注費であり、機器・資材を的確に購入できるかどうかは工数管理とコスト管理にとって決定的に重要であり、これらの機器・資材を所定の仕様で納期どおりに納入しうる協力企業が周辺に存在することの意義は大きい。とくに玉野地域では、ディーゼル機関を生産していることによって特色ある協力企業が集積している。ディーゼルエンジンはとくに外注部分が多く、この点で習熟した協力企業の存在は大きい。玉野地域では、協力会の六～七割がエンジン関連という特徴をもつ。さらに、造船業にとって労務費はおよそ二〇％を占めるが、「造船業の生産性は現状の方式では、まだまだ基礎知識の身についた労働者に依存する比重が高い」[12]といわれ、熟練した労働者の蓄積も強い意味をもつ。こうした習熟した協力企業と労働者に支えられ、さらに自動化の進展と同型船の建造が続いたことによる学習成果の発揮によって、たとえば玉野事業所の船台でのハンディサイズバルク（五万㌧）建造日数は、九七年から二〇〇〇年の間に三〇日から二一日に短縮された。また、この間に生産性が三〇％アップするなどの実績があがっている。このことが、玉野地域が一定の地歩を維持する要因になっており、実際九九年度では三井造船の全事業部門の中で造船事業が最も利益面での貢献が大きかったが、玉野事業所はその中軸を担ったといってよい[13]。

二〇〇一年度からの三井造船の中期計画はまだ確定していないが、玉野事業所は「もの作り」に定評がある船舶・ディーゼルエンジン・陸上機器の三本の柱が軸になるだろう。しかし、それだけに一層の生産合理化が求められるだろう。この点で、ひとつの焦点は、製品コストの六〇％を占める外注品のコストダウンである。ディーゼルエンジン関連の協力企業を集約化する動き（外注先五〇社を六社に絞るもの）はこの一環である。もうひとつは、IT化の動きである。鋼材切断はすでにすべて自動化されており、今後は加工分野での自動化、設計の自動化（三次元設計）、等のCIM化が一層図られようとしている。

さらに新しい展開として三井造船の液晶分野への多角化が玉野を拠点に進もうとしている(14)。

こうして、玉野事業所は、三井造船の造船業の歴史とともに歩みながら、そして大規模化に限界をもちながら、なお収益基盤を確保する特色ある事業所と特徴づけてよいだろう。

では、このような特徴をもつ三井造船玉野の事業所の現状をふまえて、次節では、それが直面する課題と方向性について探り、この章を終えることにしよう。

## 四　三井造船・玉野事業所の直面する問題

二〇〇〇年に入って、日本の造船業は再び大きな転換期を迎えている。造船企業大手七社のうち、三菱重工業を除く六社の間で、図1―3に示すような提携や統合などの合従連衡が企図され、三ないし四グループに集約されようとしている。そして三井造船は、石川島播磨重工業・川崎重工業と業務提携し、その後に分社・統合する方向で調整に入ったといわれている(15)。三社連合で資材調達の効率化や設計コストの軽減をさらに進め、ウォン安で攻勢を強める韓国企業への対抗を図るのが目的とされている。

このような造船企業の合従連衡の背景にはどのような要因が作用しているのだろうか。すでに述べたように、韓国造船業は、九九年度に再び新造船受注量で首位を奪い、二〇〇〇年度上半期には日本との差がさらに開いている。韓国造船業は、九四～九六年に急速に設備を増強した。九〇年には日本の五〇%程度であった建造能力は現在では八〇%程度になっており、これらの拡大した設備が九〇年代終盤に入って本格的な稼動期に入るとともに、九六年以降生産性を年率一〇～一五%のペースで改善し、日本

図1－3　造船大手7社の提携関係

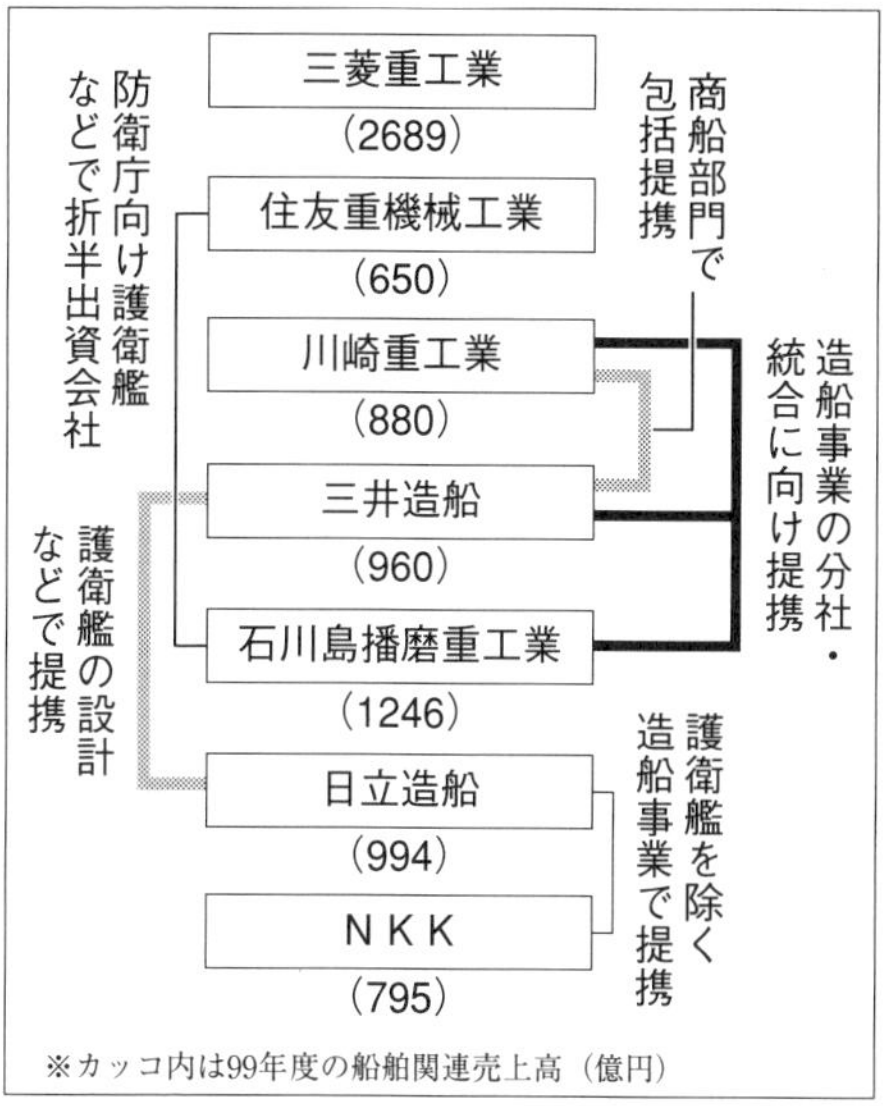


資料：『日本経済新聞』2000年9月13日。

の三分の一程度であった生産性も現時点では三分の二に達しているとみられ、競争力を急速に強めている[16]。とくに、設備拡大によってドック・船台の基数を増設し、タンカーのみならず、LNG船やコンテナ船などへの対応力をつけ、多様な船種への受注力を強化しているが、同時にこの大規模なドック・船台によって日本に対して相対的に低船価での受注に拍車をかけ、円高・ウォン安がそれを可能にして、日本との差が広がっているものとみられている。しかも、従来とは異なって、LNG船やコンテナ船など高付加価値船分野での受注量が逆転し、事態をいっそう深刻なものにしている[17]。こうした状況に対し、日本の造船業の危機感は強く、このことが二〇〇〇年に入って日本企業を新たな連携の模索に駆り立てる要因になっている。

　日本の大手造船企業は、二度にわたる船台・ドックの基数単位での設備削減の結果、個々の企業レベルでみれば幅広い船種や同型船の大量一括建造への受注対応力を弱めることになった。そのため、九〇年代に入って、不足した受注力を大手企業同士の共同受注や生産分担によって補い、さらに一層の合理化やCIM

化・自動化によってコスト低減を図り対抗してきた(18)。しかし、今回各社が模索する連携は共同受注や生産分担を超えるものである。従来の対応では今後の生き残りは不可能とみられているからである。造船業界では、今回の事態は過去二回の設備削減時よりさらに厳しいものと考えられている。

さて、三井造船と川崎重工業は、石川島播磨重工業との三社の連携に先立って、九九年九月にいち早く商船分野で提携し、バラ積み船での共同建造の実績をあげたが(19)、三社の提携は、さらに立ち入って造船分野での事業統合を視野に入れるものであるという。六〇年代の大型合併に続く大型再編であり、造船業の生産体制の枠組みは大きく変化しようとしている。三井造船の場合、造船分野での比率が高く、したがって事業統合のための分社化は容易ではないとみられ、将来像は必ずしも鮮明ではないが、いずれにしろ三井造船内部でも大幅な事業構造の再編に突き進んでいくのは間違いないことである。

さて、玉野事業所が三社の事業連携の中でどのような位置付けを与えられ、どのような役割を期待されるかは、現時点では明確ではないが、玉野事業所の今後を占う上で鍵になるのは、すでに述べた玉野事業所の特徴が三社の連携の中でどのように評価されるか、ということだろう。つまり、一面では船台による建造という限界はあるものの、習熟した労働者と協力企業群の蓄積によって、ディーゼルエンジン生産では首位を走り、現時点でもバラ積み船を大量建造し、高い実績がある。玉野事業所は、三社連携の中でも一定の地歩を確保しうる事業所であろう。それだけに、一層の合理化が強いられることになるだろう。ディーゼル部門で外注先を絞り込むといった協力企業集約化の動きはさらに加速されるのであろう。

玉野事業所の今後を占う上で見落とせないもうひとつの要素は、その地理的特性である。近年、中国の造船業も発展し、日本・韓国に次ぐ位置を占めようとしている。この結果、日本（瀬戸内・九州）、大連、上海を結ぶ黄海圏の造船トライアングルというべき地域で、世界の船舶の七〇％近くが生産されている。[20]この地域が注目されるのは、九州・瀬戸内地域と、韓国の大手造船所が集中する韓国南部、中国の主要造船所が集中する上海や大連、といったこの狭いトライアングルの中に、造船所のみならず、主要鉄鋼メーカーの巨大製鉄所や舶用機器メーカーが集中しており、機器・資材、ブロック等の分業生産を進める条件があるからである。すでに、日本の造船企業は八〇年代から技術協力を通じて中国造船業とは深い関係を作ってきており、三井造船もフートン造船所と技術提携をしているが、今後さらに海外との連携が進むとすれば、ディーゼル生産という独自の強みを持つ玉野事業所の立地条件は大きな強みになるであろう。三井造船にとっては千葉事業所とは別の地理的立地の有利性をもっていると考えられる。この有利性は、石播呉・川重坂出にも共通するところであるが、これが上述の玉野事業所の特徴とあいまって、どのような位置づけを与えられるかに玉野事業所の今後がかかるといってよいだろう。ただ、これまでのところ玉野事業所はクレーン等の港湾設備の関連で海外からの資材調達はなかった。海外との連携を図るためには、玉野事業所自体の変化も求められるだろう。

三井造船と玉野事業所は、大きな転換期を迎え、ふたたび「生き残り」を模索する事態になっている。このような中で、城下町玉野がどのような対応を迫られているかは、次章以降が明らかにするだろう。

（1） 伊丹敬之『日本の造船業　世界の王座をいつまで守れるか』NTT出版、一九九二年、二ページ。
（2） 同上。

(3) 以下、我が国造船業の戦後の概観、造船産業の特性については、伊丹敬之、前掲書、日本興業銀行産業調査部編『日本産業読本（第七版）』東洋経済新報社、一九九七年、第四章第四節、古賀義弘「造船業」（産業学会編『戦後日本産業史』東洋経済新報社、一九九五年）、溝田誠吾『造船重機械産業の企業システム』森山書店、一九九四年、南崎邦夫『船舶建造システムの歩み ―次代へのメッセージ―』成山堂書店、一九九六年、長塚誠治『二一世紀の海運と造船 ―世界と日本の動向―』成山堂書店、一九九八年、佐藤明「世界の造船メーカー 国際競争力の分析」（『財界観測』一九九七年一二月一日号）、などを参照した。

(4) 長塚誠治、前掲書、一五七～一六〇ページ。

(5) 海運業については、長塚誠治、前掲書、一二一～一四〇ページ、麻生潤「日本の海運・造船業と輸送船市場」（『経済論叢』第一五四巻第六号、一九九四年）参照。

(6) 佐藤明、前掲論文、一〇五ページ。

(7) 以下、三井造船と玉野事業所の概要は、主として『三井造船株式会社75年史』一九九三年、による。

(8) 三井造船株式会社『有価証券報告書総覧』一九九八年三月期版。

(9) 再建計画については、『日本経済新聞』一九九八年四月一日、『日経産業新聞』一九九九年九月一日、参照。

(10) 玉野商工会議所『玉野地域工業活性化ビジョン策定事業報告書』一九九六年、および二〇〇〇年五月時点での聞きとり調査による。

(11) 『日本工業新聞』二〇〇〇年三月二九日。

(12) 南崎邦夫、前掲書、一三五ページ。

(13) 『日刊工業新聞』二〇〇〇年五月一一日。

(14) 『日経産業新聞』二〇〇〇年四月四日。

(15) 『日本経済新聞』二〇〇〇年九月一三日。

(16) 韓国造船業の現在については、佐藤明、前掲論文、および長塚誠治、前掲書、一六〇～一八〇ページ。

(17)『日刊工業新聞』二〇〇〇年四月一四日。
(18) 共同受注・生産分担の意味については、麻生潤「輸送船市場と造船企業の建造設備」(『同志社商学』第四八巻第四・五・六号、一九九七年)参照。
(19)『日本経済新聞』二〇〇〇年二月一〇日。
(20) このトライアングルの意義については、佐藤明、前掲論文、によるところが大きい。なお、韓国・現代重工業もより低廉な労務コストを求めて中国での生産を開始する。

# 第二章　企業城下町の形成とその後の展開

先の章でみたように、造船業はこれまで深く切れ込んだ港湾を必要とし、総合組立産業、個別の受注生産、生産期間の長さなどを前提に特異な生産構造を編成してきた。そして、造船所の立地した多くの地域は、急峻な尾根が海岸に切れ込む独特な地形をしている場合が多く、長崎、佐世保、下関、函館などのような背後に居住可能地域の拡がる地域を除いては、特定企業に過度に依存する地方小都市、企業城下町を形成してきたのであった。石川島播磨重工業の相生（兵庫県）、日立造船の因島（広島県）、日立造船の舞鶴（京都府）、名村造船等の伊万里（佐賀県）、そして、本書で検討している三井造船の玉野などがその典型的なものであろう。

そして、このような小規模な漁村が、明治の近代工業化の時代以降、特定造船所を中核にして市街地を形成していくことになる。富国強兵、戦時体制の強化、さらに戦後の高度成長期を通じて、設備の増強、海岸の埋立、労働力の吸収が進み、景観的にも、実質的にも特定造船所を頂点とする特異な地域構造を形成していったのであった。まさに、その町の盛衰は特定造船所の動向にかかっており、政治・経済・文化・教育など地域を基礎づける全てが特定造船所を焦点として形成されていく。あたかも一つの町が一つの工場のごとく展開していくのであろう。それは、造船という総合産業を最も効率的に運営していくための仕掛けということもできる。

そして、こうした造船の企業城下町を全国に展開してきた日本は、一九五〇年代中頃以降には世界最大の「造船王国」を謳歌するまでになっていった。それは、当該地域にとっても、未曾有の繁栄を意味し、地域の中核である造船所に対する人びとの「思い」は格別深いものとなっていったであろう。造船所関係者、下請中小企業、中小商店、一般市民のいずれもが、造船所に感謝し、また、造船所を頂点とする階層構造に複雑な感情を抱きながらも、その動向に一喜一憂するという不思議な空間を形成したのである。

だが、こうして形成された企業城下町も、七〇年を前後する頃から大きな壁にぶつかっていく。その点は先の第一章で詳しく検討したが、造船王国ゆえの過剰設備、発展途上諸国の追い上げ等によるものであった。以後、成熟段階に入った造船業を基幹とする企業城下町は、夢から醒めたかのように、その引き潮の圧力に意外な思いを深めていくのである。ここでは、三井造船の企業城下町として特異な道を歩んできた玉野を歴史的に振り返り、現在の置かれている構造条件というべきものを明らかにし、以下に続く章への道筋を示しておくことにする。なお、ここでは、単なる歴史的叙述のスタイルはとらず、以下の大きく三つの時代と出来事に分けてみていくことにする。

第一は、三井造船の立地から、戦前、戦中、戦後の紆余曲折はあったものの、全体的な繁栄の時代、第二は、ニクソンショック、オイルショック以後の構造的な不況の時代、そして、第三は、世紀末における地域の再出発の時代であり、それぞれの時代に鮮明になった課題を指摘し、三井造船の企業城下町・玉野の構造的な特色を再確認することにする。

## 一　三井造船の立地と企業城下町の形成

岡山県南端に位置する玉野市は、瀬戸内海の自然に恵まれ、古くから天然の良港として栄えてきた。一八八九（明治二二）年の町村制実施の時代に田井、宇野、玉、和田、日比、渋川の六村が田井、玉野、日比の三村に統合された。その後、何度か分割、統合が繰り返されていたが、一九〇六（明治三九）年の宇野港の修築、一九九〇（明治四三）年の宇野線（現、JR宇野線）開通、そして宇高連絡船（宇野～高松）の就航により、この地は本州と四国を結ぶ海上交通の要衝として繁栄の道に入っていく。一九一九（大正八）年には宇野村が宇野町へ改組、そして、一九四〇（昭和一五）年には宇野町と日比町が合併し、玉野市が誕生していく。その後、山田村、荘内村、東児町を編入合併し、現在の市域が確定された。

以上の宇野港の発展に加え、玉野に重大な影響を及ぼしたのは、一九一七（大正六）年の三井造船の前身である川村造船所の建設であることはいうまでもない。玉野の造船所は戦前、戦中、戦後を通じて拡大発展を遂げ、三井造船の企業城下町・玉野が深く形成されていくのであった。

### 三井造船の進出

一九一四（大正三）年に勃発した第一次世界大戦によってヨーロッパは戦場となり、世界的な船腹需要の増大、ドイツ潜水艦の攻撃による連合国側の船舶喪失などにより、世界的な船舶需要が急拡大し、それに果敢に対応した日本の造船業はその発展の基礎を築くことになる。一九一五（大正四）年のわが国の建造量は五万総トンにすぎなかったのだが、一九年には六一万総トンを記録し、建造能力はアメリカ、イギリスに次ぐ世界第三位となっていった。

この間、日本の代表的な総合商社である三井物産は、輸出入品の輸送のための船舶を保有していたが、第一次大戦の戦局の進展とともに船腹不足が深刻化し、造船及び修繕工場の必要性を痛感、当時の三井物産船舶部長川村貞次郎が中心になり、造船所の建設に踏み込むことになる[1]。造船所の建設用地については、大阪～門司間の各地を調査し、最終的に岡山県児島郡日比町大字玉及び和田の一帯を最適地として選定、約六一ヘクタール（玉工場用地）を買収した。ただし、建造、修繕需要が逼迫していたことから、仮工場として宇野町に仮船台三基を設置し、一九一七年八月には第一船の木船海正丸（七五八総トン）の建造に入り、同年一二月には進水させている。この宇野町の仮工場は便宜上「川村造船所」と命名され、三井造船の玉野進出の最初のものとして記録されている。

本命の玉工場の建設は一七年六月から埋立工事に着手、一九年までに船台四基、ドック二基を完成させ、二〇年末までには、本館、各工場の竣工、機械設備の据え付け等の全てを完了させ、近代的な造船所が完成した。ここから、玉野は三井造船の企業城下町としての歩みを開始するのであった。

### 舶用ディーゼルの技術導入と戦時体制

造船所建設に加え、玉野の企業城下町の特質となっていく「舶用ディーゼル」技術の導入も早い時期から開始されている。一九二〇（大正九）年、欧米各国の造船所を視察し、デンマークのバーマイスター・アンド・ウェイン社（B&W）のディーゼル・エンジンだけは、第一次大戦後の不況期にも好調であることを知り、三井造船はディーゼル・エンジンの研究に踏み出すことになる。二三年にはB&Wからディーゼル・エンジンを輸入、船舶に搭載し、実験を重ね、その優秀性を確認した。二六年にはB&Wとディーゼル・エンジンの製造販売実施権契約を締結、そして、社内の技術者をB&Wに派遣、さらに二七年にはディーゼル・エンジン工場、鋳物研究室を建設し、本格的に国産化の方向に踏み出していく。二八年には三井B&Wディーゼル・エンジンを開発、好成績を収める中で、B&Wの技術をベースにしながらも、三井造船は次第にディーゼル・エンジン・メーカーとして世界的な評価を得ていくことになる。このディーゼル・エンジン部門を保有したことが、造船の企業城下町・玉野のその後に重大な影響を与えていくことになる。

この間、大正末期には一五〇〇人前後であった玉造船所の従業員数も、二九（昭和四）年には二七〇〇人を超えるほどになっていった。

その後、わが国は日華事変（三七年）を契機に第二次世界大戦に入っていくが、造船業は戦時体制の中に編成されていく。そして、三井造船㈱造船部は、同年、㈱玉造船所として三井物産から分離独立し、さらに四二年、社名を三井造船株式会社に改め、戦時体制下、艦船の量産体制を築いていく。四二年から終戦の四五年までの間に三井造船が完成した商船は四九隻、約三二万総トン、また、潜水艦・海防艦・駆潜鑑は二〇隻、約一万八千排水トンとされている。なお、これらの他に玉造船所は四五年三月以降、三菱（長崎）、川崎、播磨とともに特殊潜航艇も建造している。

戦争末期の空爆で日本の有力造船所は大きな被害をこうむったが、玉造船所は無傷のまま終戦を迎えた。そして戦後処理を進める中で、終戦時一万二千人を数えていた従業員は七千人に減少したのであった。

### 造船王国から一転して、構造問題に直面

戦後しばらくは手持ち資材で家具、下駄、農機具等の日用品の生産、農業、製塩業などで糊口をしのいでいく。四五年一二月にはGHQの許可を得て、漁船建造に踏み出し、鉄道連絡船、小型客船などの建造を開始、ディーゼル・エンジン部門も小型を再開、陸上部門も電気パン焼器、アイスキャンディ冷凍機等でしのいでいたが、次第に産業機械、車両の製作を許可されていくのであった。

その後、完全復興を図るための復興金融公庫融資の「計画造船」(四七年)、朝鮮動乱(五〇年六月)、平和条約発効(五二年四月)、スエズ動乱(五六年)と続き、浮き沈みはあったものの、日本の造船界は次第にその実力を蓄えていく。そして、五六年には、世界の進水量六六七四万総トンのうち日本は一七四六万総トンと二六・二%を占め、イギリスを抜いて、進水量世界第一位の座につくことになった。この間、三井造船のディーゼル・エンジン部門も順調に拡大し、五六年には四七台、一二万四千馬力を達成、ディーゼル・エンジン・メーカーとして世界第五位の座を占めることになったのであった。それはまさに「造船王国日本」が深く実感された時期でもあったといってよい。

そして、その後の高度成長期を通じて、何度かの造船ブームと不況を繰り返していく。供給サイドからすれば「世界海運需要の拡大」~「設備の拡大」を続け、需要サイドとすれば、「石油危機」~「世界経済停滞」が繰り返され、さらに「発展途上国の技術上昇」「日本の高コスト」などが組み合わさり、

図２—１　造船不況の構図

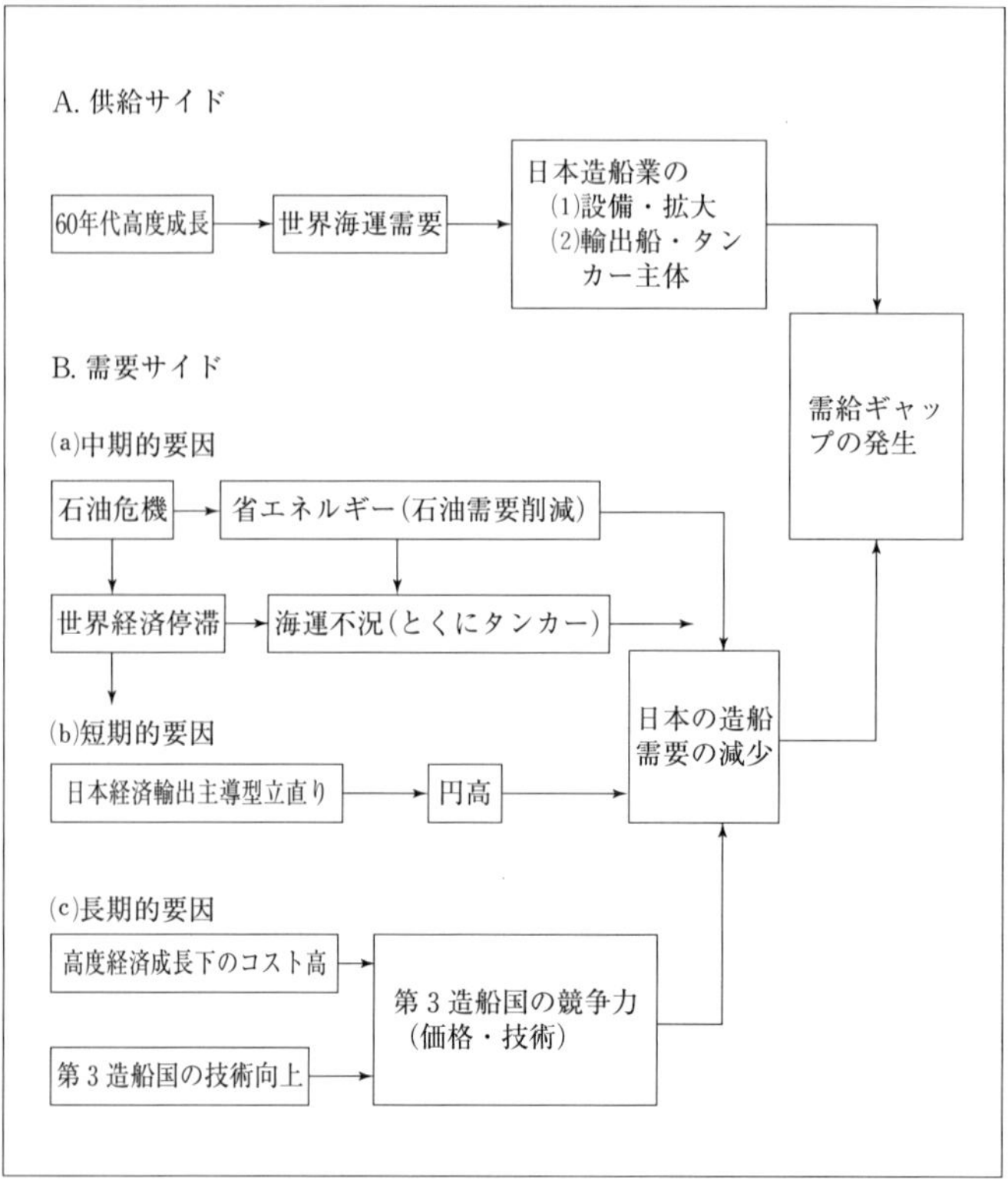


出所：岡山県『玉野市地域特別診断報告書』1979年

大きな「需給ギャップ」が発生、そして、「過剰設備の廃棄」「造船業界の再編成」が常に議論されていくことになるのである。この間の事情は先の第一章で詳述している。

そして、三井造船の企業城下町である玉野においては、七〇年代中頃以降、構造的な不況感を強め、三井造船玉野事業所自身は陸上部門からさらに多方面にわたる新規事業の開発を意識し、また、三井造船に連なる下請中小企業も「脱造船」「新規事業」を深く意識せざるをえないものになっていったのであった。ほぼ現在の玉野市の市域を形成した五五年の人口は六万三四五九人であったが、事実上のピークは七三年の七万三四三六人（七四年には東児町を合併し、約六千人の増加となった。統計上のピークは七六年の八万〇一三三人）であり、当時までの三井造船玉野事業所の活発な活動がそれを促していたことはいうまでもない。だが、その後は、日本の造船業の困難、三井造船の縮小を背景に、人口は減少傾向を深め、さらに、八八年の瀬戸大橋開通に伴う宇高連絡船の廃止により、玉野は大きな転換の時期を迎える。人口も九八年の住民基本台帳によれば七万二〇五六人と最盛期に比べ約八千人の減少となっているのである。

## 二　特定不況地域と玉野

一九五六年以来、約二〇年、わが国は「造船王国」を謳歌してきたのだが、先の図2―1に見たように、いつの間にか造船業は「構造不況業種」になっていった。それは巨大設備を展開する造船業の宿命というべきものかもしれない。巨大設備を保有していなければ好況期に対応できない。また、設備も新

写真２―１　三井造船玉野事業所の船台

しく、人件費も安い新興造船国が現れ、厳しいコスト競争を強いられる等、巨大な生産力を抱える「王国」であるがゆえに、日本の造船業は七〇年代中頃から、大きな苦しみに直面していくことになる。

ここでは、構造不況業種のレッテルを張られた造船業を基幹としてきた玉野の七〇年代中頃以降の歩みをみていくことにしたい。

### (1)「特定不況地域」の指定の頃

七一年のニクソンショック、七三年の第一次オイルショック、さらに七七年からの円相場の高騰により、日本産業は大きな曲がり角に直面し、主要産業の「構造不況」が取り沙汰されていく(2)。造船はその代表的なものの一つであり、七八年五月に公布された「特定不況産業安定臨時措置法」により「特定不況産業（構造不況産業）」に指定され、設備廃棄、人員削減を余儀なくされていく。海運造船合理化審議会の答申『今後の造船業の安定化方策について』（七八年七月）は、

表2―1　特定不況地域と対象

| 地　　域 | | 特　定　事　業　所 |
|---|---|---|
| 北海道 | 函館市 | 函館ドック、北洋漁業 |
| | 室蘭市 | 新日鉄、楢崎造船、函館ドック |
| | 釧路市 | 北洋漁業 |
| | 稚内市 | 北洋漁業 |
| | 根室市 | 北洋漁業 |
| | 網走市 | 北洋漁業 |
| | 古平町 | 北洋漁業 |
| 青森県 | 八戸市 | 北洋漁業、八戸製錬 |
| 秋田県 | 大館市 | 同和鉱業、釈迦内鉱山、松本鉱業 |
| 岐阜県 | 神岡町 | 三井金属鉱業 |
| 三重県 | 紀和町 | 石原化工建設 |
| 京都府 | 舞鶴市 | 日立造船 |
| 兵庫県 | 相生市 | 石川島播磨 |
| 岡山県 | 玉野市 | 三井造船 |
| 広島県 | 呉　市 | 石川島播磨、日新製鋼 |
| | 三原市 | 幸陽船渠、帝人 |
| | 尾道市<br>因島市<br>向島町 | 日立造船、尾道造船 |
| | 瀬戸田町 | 内海造船 |
| 山口県 | 下関市 | 三菱重工、林兼造船、三井金属鉱業など |
| 愛媛県 | 今治市 | 波止浜造船、浅川造船、檜垣造船など |
| | 新居浜市 | 住友アルミ、住友金属鉱山 |
| 高知県 | 高知市 | 今井造船、新山本造船、東京製鉄など |
| 福岡県 | 大牟田市 | 三井金属鉱業、三井アルミ |
| 佐賀県 | 伊万里市 | 名村造船、伊万里合板など |
| 熊本県 | 長洲町 | 日立造船 |
| 長崎県 | 長崎市<br>香焼町 | 三菱重工、林兼造船 |
| | 佐世保市 | 佐世保重工業、林兼造船 |
| | 大島町 | 大島造船 |
| 大分県 | 佐伯市 | 臼杵鉄工、二平合板 |
| 宮崎県 | 延岡市 | 旭化成 |

資料：『日本経済新聞』1978年11月18日
出所：岡山県『玉野市地域特別診断報告書』1979年

主要造船業六一社に対して平均三五%の設備廃棄を提案している。特に、大手七社（石川島播磨重工業、三菱重工業、日立造船、川崎重工業、三井造船、日本鋼管、住友重機械）に対しては、当時の建造能力五七二五千トン（標準貨物船換算）のうち四〇%の廃棄が指摘されていた。三井造船に関しては、三工場（玉野、千葉、藤永田）でドック・船台七基のうち三基の廃棄、年間建造能力六二三千トンを三七八千トンに削減というものであった。

## 三井造船の圧倒的な存在感

また、これらと連動して、この時期の不況対策は地域を対象にするものであった点が興味深い。七八年一一月に施行された「特定地域中小企業対策臨時措置法」は、戦後の中小企業施策の中でも特異なものであり、従来の業種別対策を越えて、地域が対象にされていく。施行とほぼ同時に閣議決定された「特定不況地域」は全国約三〇市町（表2―1）であり、造船関係が比較的目立つものであった。ここでは詳述しないが、これらの地域の中小企業には多面的な支援の策がとられていく。そしてこれ以降の十数年、「特定不況地域」対策は地域中小企業政策の重要な部分を占めていったのであった。

この点、当時（七五年前後）の玉野における三井造船の存在感を示す興味深いデータがある(3)（表2―2～4）。表2―2によれば、七七年の玉野市の製造業の中で、三井造船と関連下請企業の合計は従業員数では七八・一%、出荷額では五八・二%を占めることになる。さらに、表2―3と表2―4を比較して見ると、全国の主要な企業城下町と言われる都市の中でも、市人口に占める特定企業の従業員の比重は、玉野は一〇・四%であり、因島の一二・二%に次いで高いことがわかる。さらに、製造業就業者

表２―２　玉野市の三井造船、関連企業の位置（1977年）

| 区分 | 従業員の比重（%） | 出荷額の比重（%） |
|---|---|---|
| 輸送用機械器具 | 64.4 | 57.3 |
| 三井造船 | 49.9 | 51.8 |
| 三井関連企業 | 28.2 | 6.4 |
| 小計（三井関連） | 78.1 | 58.2 |

注：製造業従業者に占める割合
資料：岡山県工業振興課
出所：岡山県『玉野市地域特別診断報告書』1979年

表２―３　玉野市の従業員数からみた三井造船関連

| 区分 | 玉野市人口 (A) 人 | 製造業従業者 (B) 人 | 三井造船 (C) 人 | 関連企業 (D) 人 | C/A ×100 | D/A ×100 | C/B ×100 | D/B ×100 |
|---|---|---|---|---|---|---|---|---|
| 1976年12月 | 79,106 | 16,131 | 8,258 | 4,503 | 10.4 | 5.7 | 52.1 | 27.9 |
| 1977年12月 | 79,939 | 15,470 | 7,725 | 4,363 | 9.8 | 5.5 | 49.9 | 28.2 |

資料：岡山県工業振興課
出所：岡山県『玉野市地域特別診断報告書』1979年

表２―４　主要企業城下町の特定企業の比重

| 都市 | 企業 | 市人口 1974年 (A) 人 | 工場従業者 1974年 (B) 人 | 特定企業の工場従業者 (C) 人 | C/B ×100 (%) | C/A ×100 (%) |
|---|---|---|---|---|---|---|
| 室蘭 | 新日鉄 | 165,936 | 18,779 | 6,193 | 33.0 | 3.7 |
| 釜石 | 新日鉄 | 71,056 | 7,469 | 4,268 | 57.1 | 6.0 |
| 日立 | 日立 | 201,635 | 43,992 | 7,812 | 17.8 | 3.9 |
| 君津 | 新日鉄 | 74,495 | 11,161 | 7,058 | 63.2 | 9.5 |
| 座間 | 日産自動車 | 73,918 | 18,055 | 7,029 | 38.9 | 9.5 |
| 三原 | 三菱重工 | 85,292 | 14,505 | 5,345 | 36.9 | 6.3 |
| 因島 | 日立造船 | 40,828 | 7,978 | 4,962 | 62.2 | 12.2 |
| 新居浜 | 住友重機 | 130,906 | 17,254 | 2,646 | 15.3 | 2.0 |
| 長崎 | 三菱重工 | 441,436 | 30,778 | 16,484 | 53.6 | 3.7 |

出所：岡山県『玉野市地域特別診断報告書』1979年

に対する特定企業就業者の比率について、玉野の五二・一％は、新日鉄の君津（六三・二％）、日立造船の因島（六二・二％）、新日鉄の釜石（五七・一％）、三菱重工の長崎（五三・六％）に次いでいるのであり、まさに日本の代表的な企業城下町であったことが理解されるであろう。振り返るまでもなく、これらの企業城下町は七〇年前後までは、特定企業の活躍により、地域全体が未曾有の繁栄を謳歌していたのであった。七〇年頃までは、企業城下町とは好不況を繰り返しながらも、「繁栄」の代名詞であったと言ってよい。

### 特定地域中小企業振興計画

先の「特定地域中小企業対策臨時措置法」は、八六年一二月、「特定業種関連地域中小企業対策臨時措置法」に代わり、不況地域対策は次第に長期化する様相を見せ始めていく。岡山県の場合は、七八年法では三井造船の玉野市が焦点とされていたのだが、八六年法ではさらに拡大され、窯業の備前市、日生町、吉永町、また、繊維の井原市、笠岡市が指定を受けていく。それだけ日本の地域産業が難しい状況に追い込まれてきたということであろう。

三井造船玉野事業所自身、すでに七九年に生産能力を六〇万総トンから四五万総トンに削減していたのだが、八一年からさらに生産実績は低下傾向を深め、八六年には、新素材、バイオなどの新分野への進出を図り、さらに玉野では、機械加工部門の㈱三造機械部品加工センター、鋳鋼部門の三造メタル㈱、パイプ、小型構造物の㈱三造エムテックを相次いで設立、社内の幾つかの部門を分社化した。さらに、同年一月、危機突破総合対策を発表、同年一〇月までに玉野事業所だけで一五〇〇人の人員削減を実施している。その結果、八六年末の玉野事業所の従業員数は三八八〇人となり、戦後のピークであった七一年の九三九一人のほぼ四一％水準に縮小することになった。それでも当時、まだ一七〇〇人が過剰人員とされていたのである。

以上のような事情から、岡山県は八八年二月に『特定地域中小企業振興計画』(4)を発表している。この計画書の序文では、以下のように述べている。「……このような特定地域では、製造業のみならず、商業・サービス業等地域経済全体が沈滞しており、地域の活性化を図るため、……中小企業の振興が、緊急かつ重大な課題となっております」として、以下のように、地元中小企業に対する緊急対策の重点を幾つかあげている。

① 経営計画作成の徹底……自分の置かれた状況を的確に認識し、何を、どのように打開していくのかについて、明確な方針を持っている（必要がある）。

② 任意グループの重視……独力で対応しきれない課題も多く、……既存の……壁を越えた多種多様な自発的グループの形成さらには融合化を促進し、……新分野への進出、事業転換等を推進する。

③ 玉野産業振興ビジョンの提言。

④ 雇用問題への対応……地域振興対策と雇用対策の連携、新たな雇用機会の拡大、雇用情勢への機動的対応、労働力需給の円滑な結合と失業なき労働移動の促進、職業能力開発の推進、地域挙げての雇用開発の推進。

これらの提案には特に目新しいものはないが、三井造船の企業城下町として歩んできた玉野にとっては、「脱造船」「脱三井」を強く意識させるものとしてそれなりの意味はあったのではないかと思う。

写真2—2　最近の宇野港

「対策」の大半が「三井造船」抜きで語られていることは、事態がそれだけ逼迫し、関連する方々の意識が大きく変わってきたことを示している。長い「企業城下町の時代」を歩んできた地域の中小企業は、まずここから出発しなければならないのである。

### (2) 観光リゾート開発への傾斜と苦悩

以上のような地元中小企業の活性化を強く意識しながらも、玉野市の「ポスト造船」「ポスト宇高連絡船」の時代に向けての関心は、「観光リゾート」に深く傾斜していくのであった。先の『振興計画』においても、長期ビジョンのコンセプトとして、『海』を核に、海洋産業、マリン観光、海洋商業、海洋技術の四つを地域産業として設定」している。そして、「これらの事業の実施、構想具体化に当たって、玉野地域に育ってきた造船関連技術の積極的活用を図ることにより、観光開発による地域活性化と造船関連企業の新分野進出を同時に達成することが、玉野地域の中長期産業振興の柱となる」と語っていたのであった。

**観光リゾートの困難**

このような観点から、幾つかの観光リゾート・プロジェクトが推進されてきた。『平成一一年度玉野市の概要』(5)に掲載されている「玉野市における主要振興事業」を見ても、以下のようなものがあげられている。

① 宇野港宇野地区整備事業……宇高連絡船廃止等による港湾機能の質的変化を受け、ターミナル・物流機能の再編、親水・文化交流・観光及び商業等の総合的空間を形成する。

② 宇野駅周辺土地区画整理事業……商業、業務、文化、娯楽等の機能の集積する中心市街地を形成する。

③ 岡山スペイン村……複合的アミューズメント施設の整備。

④ 宇野港日比地区整備事業……マリーナ・小型船だまりの整備。

⑤ 県南クアハウス整備事業……クアハウス、屋外施設整備。

⑥ 王子アルカディアリゾート……ホテル、テニスコート、オートキャンプ場の整備。

⑦ イギリス庭園建設事業……バラ園等の整備。

以上のほか、土地造成埋立事業、宅地造成事業、海岸環境整備事業等も掲載されているが、全体の印象としては、観光リゾート開発に大きく傾斜したものだと言えそうである。(6)だが、世紀末のバブル経済崩壊以降、全国的に観光開発は手詰まりになっており、中小都市の起死回生を図るには相当の覚悟が必要になっている。東京ディズニーランドほどの規模と投資額、ノウハウがないと難しいのが現実である。このような一般的な流れに対して、地域がどのように受け止めていくのか、現在、大きな意識の転換が必要とされているように思う。特に、先の『振興計画』で四つの地域産業として提示されたもののうち、海洋産業、海洋技術の二つが以上のプロジェクトとどのように関わりあうのかも理解しにくい。八〇年代から九〇年の頃に一世を風靡した「観光リゾート」の幻想と、その後の挫折の轍を踏まないことを願うばかりである。

## 三　工業活性化ビジョンの策定

以上のような状況の中で、九五年に玉野市の工業関係者の間から地域経済の閉塞感を打開するため、工業活性化対策の必要が提起され、玉野商工会議所を中心に岡山県、岡山県地域産業振興協会、玉野市、地元工業団体、三井造船、学識経験者などからなる「玉野地域工業活性化ビジョン策定事業委員会」が結成され、九六年三月に報告が提出されている。(7) この報告書は、「観光リゾート」「海洋観光都市づくり」が思うように進行していかない現実を受けて、長い間に培われてきた玉野の「工業技術」、特に造船、ディーゼル・エンジンの経験から蓄積されている重機械金属工業の技術集積を再評価し、新たな発展方向を探ろうというのであり、地元関係者の「思い」が結集するものであった。

特に、今回のビジョン策定に関連して、地域工業の「技術蓄積」の評価が行われ、詳細は第三章で検討するが、玉野の機械金属工業関連技術は全国的にみても注目すべきものであることが確認された。特に、地元での集積度の高い技術領域としては、「中・厚板プレス・曲げ」「NC機械（旋盤系統）」「TIG、MIG、MAG熔接」「二〇トン以下の構造物の組立熔接」が指摘された。また、「金属材料切断」「NC機械（フライス盤系統）」「構造設計・詳細設計」「二酸化炭素熔接」「ステンレス材料の組立・熔接」「設計CAD」「機械組立・据付け」「鈑金プレス」「マシニングセンター・五面加工機」などの集積の密度も高いが、域内での交流が乏しいことが指摘されている。なお、地元での集積が乏しい「基盤技術」としては、「鋳造」「熱処理」「メッキ」「鍛造」「NC研磨・研削」等が指摘されている。

**写真2―3**　ディーゼル・エンジン部品の熔接（三国工業）

以上のような事情を観察する限り、玉野の「地域技術」としては、大物・中物の機械加工、熔接技術に優れており、逆に、素材関連の鋳鍛造と、熱処理、メッキ等の表面処理、さらに精密工業を基礎づ

写真２―４　エンジン・ピストン部品（長尾鉄工）

ける研磨・研削がやや弱いという点が明らかにされた。さらに、地域内での技術の交流が乏しい点も課題として指摘されたことも重要である。

これらの事実は、まさに、これまで特定企業の企業城下町として歩んできたという事情を反映するものであり、地域工業集積の強さと弱さを浮き彫りにしたのであった。また、私自身、何度かの玉野の中小企業の「工場視察」では、特に切削系の大物加工機械が非常に充実しており、全国的にも有数のものだという感を強くしている。地域がまず、そうした点を十分に自覚し、域内での交流を深めながら、その特性を世間に幅広く理解してもらうための努力を重ねていく必要がある。さらに、弱点とされる「技術領域」の充実と、それらを得意とする他地域との交流を深め、お互いに補いあえる環境を形成していくことも必要であろう。例えば、姉妹都市関係を結んでいる長野県岡谷は大物は不得手だが、中小物の精密加工、精密研磨・研削、熱処理等には秀でている。こうした地域との連携を模索していくことが必要であろう。従来は「岡谷とは違いすぎる」と言っていた中小企業が多かったのだが、昨今は「違うから付き合う意味がある」という言葉に変わってきた。そうした開かれた視点からの取り組みが幅広く必要になっているのである。

## 地域の技術集積に自信を

以上を前提に、『ビジョン』は以下のような課題を抽出している。

① 企業間の交流が少なく、情報の流れが悪い。
② 市内工業の有機的連携が不足している。
③ 変種変量生産体制への取り組みが求められている。
④ さらなる技術力強化または専門化が必要。
⑤ 受注先の拡大・多様化を図る。
⑥ マーケティング、設計企画機能が弱体である。
⑦ 人材確保に困難を感じている。
⑧ 道路交通等の基盤整備が十分ではない。
⑨ 国際化、情報化への対応が必要。
⑩ 大学、公設試等の周辺資源を十分活用できていない。

これらは、玉野に限らず全国のどこの工業地域でも指摘されていることであり、地域産業、中小企業にとっての基本的な課題といえそうである。その中でも、特に玉野に強く浮き彫りにされている課題としては、企業城下町としての歴史が長く、中小企業どうしのヨコの付き合いが乏しいこと、自分で得意先を見つけようとする経験に乏しいことが指摘されねばならない。さらに、地勢学的にも閉塞された位置にあり、周辺との交流に乏しいという認識が重要である。むしろ、そうした閉塞性がこれだけの重機械金属工業の厚みのある技術集積を温存してきたともいえよう。新しく、これだけの技術集積をどこかに形成するなどは現実的ではない。明らかに玉野に形成されている「地域技術」は、非常に特色のあるものなのである。そのことを振り返り、希望を胸に抱いて、次の一歩に踏み出していくことが求められているのである。

以上、ここまで、本章では玉野の企業城下町としての形成の歩み、そして、ポスト造船企業城下町の時代に踏み出してからの多様な取り組みを振り返ってきた。問題の幾つかはすでに指摘したが、最後に一つ付け加えるとしたならば、地域の中小企業、自治体がもっと企業城下町としての歴史に自信を抱くべきだという点が指摘される。特に、玉野の場合は、後の章でも検討するように、世界的レベルのディーゼル・エンジン生産基地を形成してきたのであり、そこで鍛えられた中小企業が厚く集積している。この財産を正しく評価し、地に足のついた取り組みを進めていくことが求められている。特殊な部門の企業城下町として歩んだことが、際立った地域技術の集積になっており、また、逆に企業城下町であったが故に、他の地域との相対の中で自己を十分位置づけられていないという問題を発生させているのである。そうした認識が地域に定着し、地域の中小企業が結集し、一歩を踏み出していくならば、玉野の地域産業振興には新たな可能性が大きく拡がってくることは間違いないのである。

（1）以下の三井造船の歩みは、三井造船株式会社75年史編纂委員会『三井造船株式会社75年史』三井造船株式会社、一九九三年、を参考にした。
（2）以下の歩みは、岡山県『玉野市地域特別診断報告書』一九七四年、を参考にした。
（3）前掲書、一三一～一四七ページ、を参照。
（4）岡山県『特定地域中小企業振興計画――玉野地域』一九八八年。
（5）玉野市企画部企画課『平成一一年度玉野市の概要』。
（6）玉野のリゾート開発に対する批判として、森滝健一郎「『産業構造調整』下の企業城下町・玉野市」（『日本の科学者』第二五巻第二号、一九九〇年）が興味深い。
（7）玉野商工会議所『玉野地域工業活性化ビジョン策定事業調査報告書』一九九六年。なお、この委員会には私（関満博）が専門委員として加わり、また、本書第三章を執筆している大崎泰正氏が、実際の取りまとめを行った。

# 第三章　玉野機械金属工業の基本構造

瀬戸内海は多島美で知られているが、高度成長期以降、その沿岸は埋め立てや港湾整備などでコンクリートで覆い尽くされ、自然海岸は随分減ってきた。玉野は、その中で白砂青松の海岸線が比較的多く残された地域である。この地に一九一七（大正六）年、川村造船所（現三井造船玉野事業所）が建設されて以来、玉野は戦前戦後を通じて船舶・重機械の生産基地、また三井造船の企業城下町として長い歴史を刻んできた。

今日、世界的な海上荷動量の停滞による船腹過剰感や、ウォン安による韓国造船業との競合熾烈化、さらに設備投資の低迷による産業機械受注の不振などにより、玉野の工業集積はその存立基盤を大きく揺るがされている。一方で、大都市部を中心とした製造業の空洞化により大物・厚物の金属加工技術を軸とした玉野の工業集積が、国内でも希有な存在になりつつあることも事実である。このため本章では、玉野の工業集積が二一世紀に向けてどのような形で生き残っていけるのか、その手がかりを得るため、その具体的な事業内容や保有している加工機能を分析した上、受注先の多様化、新分野の開拓など新たな展開を図っていく上での課題を検討する。

表３―１　三井造船部門別売上高（平成10根度）

単位：100万円

| 区分 | 全社 | 玉野事業所 | 玉野事業所シェア |
|---|---|---|---|
| 船舶 | 121,858 | 53,500 | 43.9% |
| 鉄構建設 | 54,679 | 0 | ― |
| 機械 | 89,717 | 106,863 | 71.0% |
| プラント | 60,828 | | |
| その他 | 13,874 | 0 | ― |
| 合計 | 340,956 | 160,363 | 47.0% |

資料：有価証券報告書、三井造船玉野事業所

## 一　造船・重機と玉野製造業

### 圧倒的な地域経済への影響力

三井造船玉野事業所は三井物産船舶部（三井造船の前身）が玉野市で操業して以来約八〇年の歴史を持ち、バラ積み船等の商船や艦艇・官公庁船など幅広い船種を建造できる設備と人材を有している。また同事業所は優れた重機械製造部門を有しており、船用・発電用などのディーゼルエンジンと海上輸送に用いるコンテナ・クレーンの二部門では、世界最大級の製造拠点となっている。このことは一般には意外に知られていない。

同事業所の一九九八年度売上高は約一六〇〇億円、従業者数は二四九四人（九八年度末）となっており、年々の変動が大きいものの全社売上の四〇～五〇％前後を占めている（表3―1、図3―1）。ＶＬＣＣ、ＵＬＣＣなど大型船の建造は千葉事業所に集約されているが、幅広い事業部門を有し、同社の中核事業所としての位置づけは今日でも失われていない。

船舶や陸上機械を製造するためには、その組立や部品加工を行う数多

図3—1　三井造船玉野事業所生産高の推移

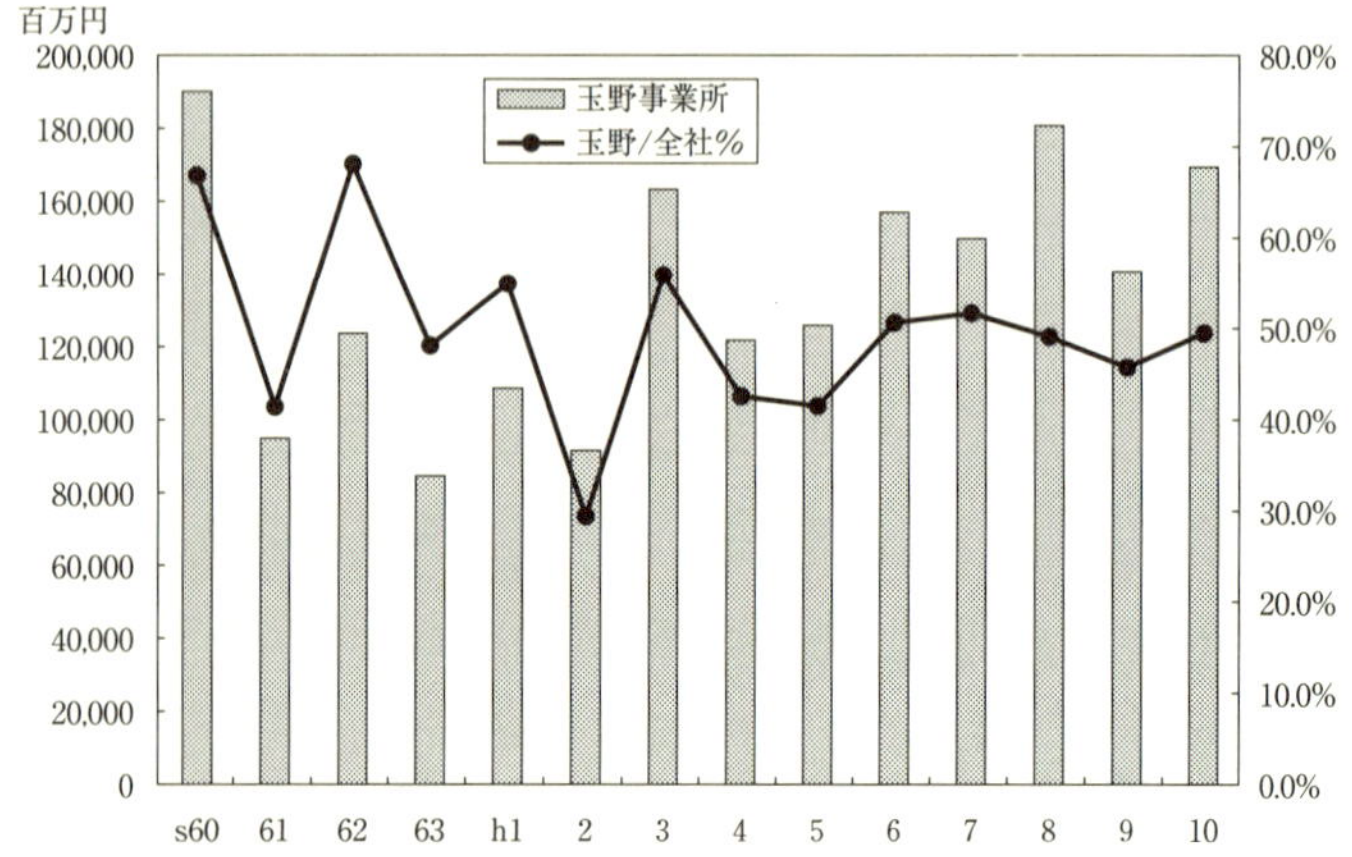


資料：表3—1に同じ

くの下請企業群や熟練労働力が必要である。こうした関連企業の数は玉野市内で八四社（市外企業や把握されていない下位下請を含めれば約一〇〇社に及ぶともいわれている）で、それらの企業で約四一〇〇人の従業者が働いている。

いま工業統計の中分類で金属製品製造業、一般機械製造業、電気機械製造業及び輸送用機械製造業を「機械金属工業」として一括すると、玉野市の機械金属工業は殆ど全てが造船・重機関連であるといっても過言ではなく、事業所数は九七、工業出荷額が一九六三億円、従業者数は四九六二人を数え、それぞれ玉野市全体の四七％、六八％、五九％と圧倒的な比重を占めている（九八年。いずれも従業者四人以上の事業所を対象）。玉野市の機械金属工業の出荷額は、船舶需給による大幅な振幅を繰り返しており、それに煽られて玉野市全体の出荷額も大きく変動するという特性がみられる（図3—2、図3—3）。いうまでもなく、こうした変動による地域内への人口・雇用動向、法人、個

図3—2　玉野市の「機械金属工業」出荷額の推移

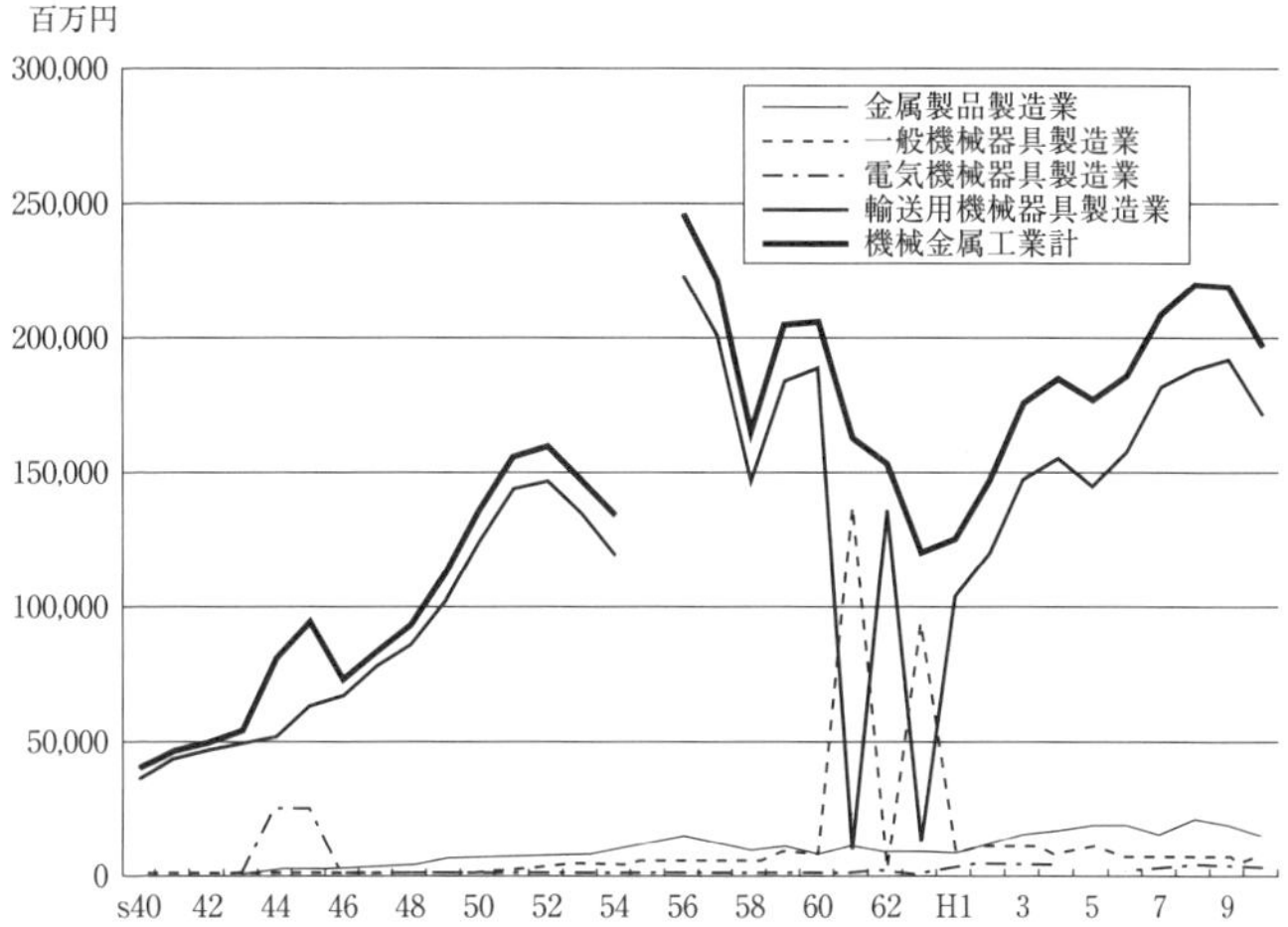


注：昭和55年は輸送用機械器具製造業の事業所数が2以下のため秘匿。昭和61、63年は商船建造休止により一般機械器具製造業に分類。
資料：工業統計表

図3—3　玉野市工業出荷額及び従業者数の推移

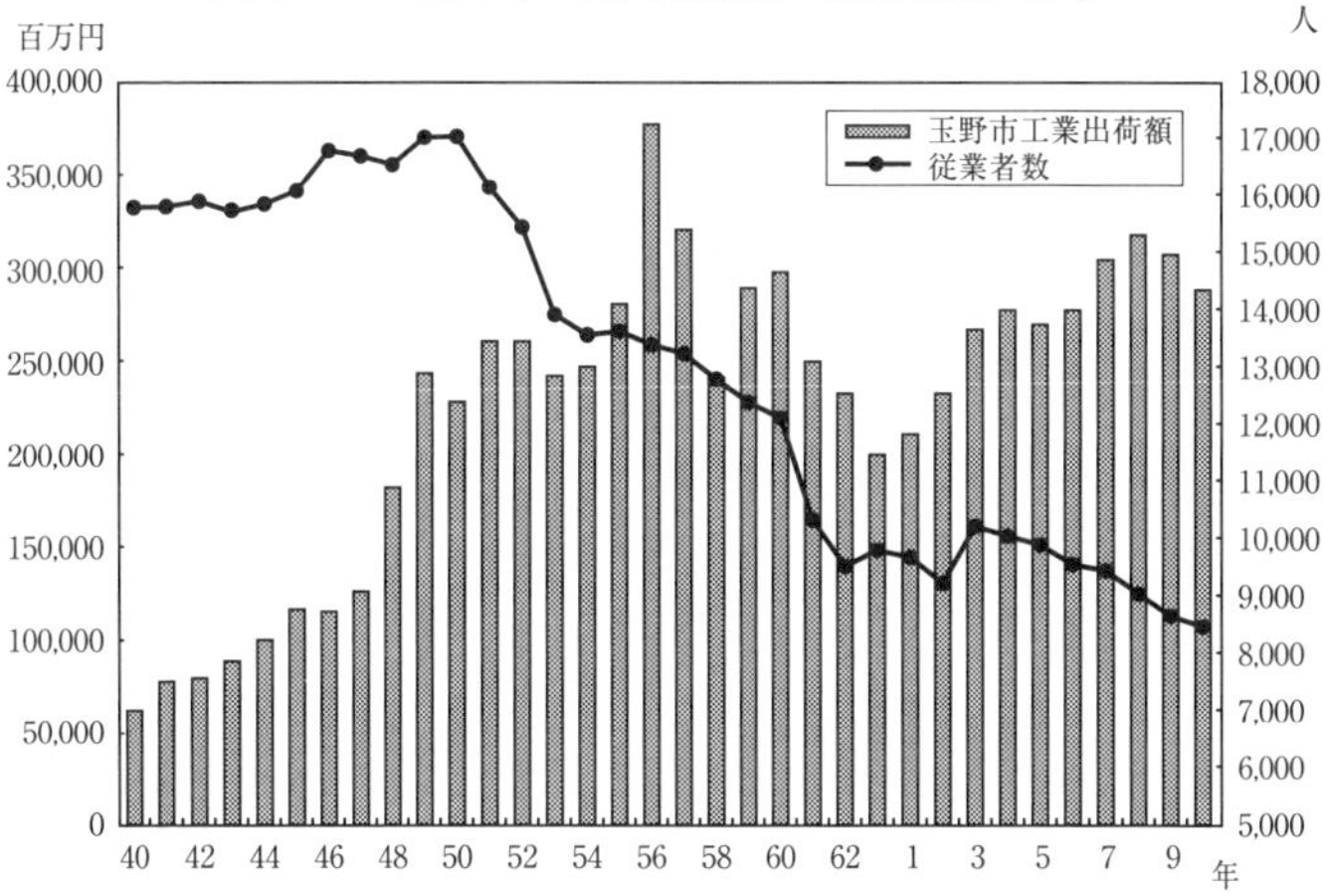


資料：工業統計表

人の税収等、地域社会への影響力は極めて大きく、とくに七〇年代中盤及び八〇年代中盤の造船不況時には、当地経済は深刻な打撃を受けた。

また玉野事業所の生産活動が、岡山県下の産業全体に及ぼす生産波及効果を産業連関表によって推計すると約六七〇億円と推計され、広域かつ広範囲な産業部門で生産を誘発していることが判明する。さらにいえば、玉野事業所においては、これまで数々の造船技術の革新が行われてきており、これらは技術移転等を通じて瀬戸内一帯に分布している専業造船メーカー等へ有形・無形の技術波及効果を与えているといわれている。(1)このように玉野における造船・重機産業の生産活動が、地域の産業、経済に及ぼす影響は多様である。

### ディーゼルエンジン生産の世界的拠点

三井造船の事業分野は、大きく船舶・艦艇、鉄構建設、機械システム、環境・プラント、その他の五部門に分かれる。玉野事業所の事業領域はこれら全てを含んでいるが、中でも船舶・艦艇と機械システムが二本柱となっている。

船舶・艦艇部門では、商船用と艦艇用の二本の船台を有し、一〇万総トン以下の一般商船（バラ積み船など）及び自衛隊、海上保安庁などの官公庁船を建造している。三井造船は大手造船の中でも船舶部門の売上の比重が三六％（九八年度）と高く、いわゆる「脱造船」への取り組みが遅れているといわれているが、玉野事業所においても造船部門の割合は全社割合に近い三〇～四〇％となっている。船舶・艦艇部門における玉野事業所の全社シェア（売上ベース）は、ここ数年四〇～六〇％前後で推移しており、大型船を中心とした千葉事業所と二分している。ただ、需要の多い船形の変化によって変動が大きく、現段階（二〇〇〇年夏）でいえば、中型バラ積み船の大量の受注を抱え、大手造船所傘下の事業所としては最も高い操業体制を維持している造船所の一つとなっている。

機械・システム部門は、ディーゼルエンジンと運搬機（コンテナ・クレーン等）のほか、タービン、ボイラー、化学プラント等の重機械を製造している。八三年以降、三井造船の機械部門は玉野事業所に集約されつつある。

ディーゼルエンジンは、一九二六（大正一五）年にデンマークのB＆W社のライセンシーとして船用ディーゼル機関の製造を開始して以来、世界最大規模の生産量を続けてきており、九九年には累計生産馬力三五〇〇万馬力の世界記録を達成している。三井造船のディーゼルエンジンの顧客は専業造船業向けが約六割、輸出向けが約二割、自社使用が約二割となっており、専業造船メーカーが最大の顧客である。このため業績は専業メーカーを含めた造船業界の動向に大きく左右されることとなる。大手造船メーカーはディーゼルエンジンを内作しているが、専業造船メーカー以下の造船所ではエンジン生産を行っていない。三井造船は、エンジン製造部門をもたない造船市場の五〇％以上のシェアをもつといわれている。

また運搬機の部門では、三井造船は八八年に米パセコ社を買収して以来、ガントリークレーンをはじめとしたコンテナクレーンの製造では世界の三〇％のシェアを占める最大メーカーであり、玉野はその唯一の製造拠点である。同社では、これに無人搬送システム等を加えた物流システム分野を戦略的分野として位置づけ、その強化に取り組んでいる。

さらにＩＴ産業の成長が注目される中、同社では新規事業としてイオン注入装置、ＦＰＤ用検査装置など液晶関連装置事業に取り組んでおり、二〇〇〇年四月より各工場に分散していた関連事業部門を玉野事業所に集約し、人材、設備の効率的活用を図っている。これによる玉野地域へのシナジー効果が期待されているところである。

## 二　関連企業とその事業分野・加工機能

### 多種多様な関連企業の業務分野

三井造船玉野事業所の関連企業は、船体ブロックの製缶・溶接、ディーゼルエンジン、クレーンの部品加工のほか、電子機器、計装制御機器、コンピュータソフトの開発など多様な業務を行っている（図3―4）が、業態としては大きく造船所内で作業を行う「構内協力企業」と造船所外に工場をもつ「構外協力企業」に分かれる。

これらの協力企業は、構内下請・請負を中心とした「三井造船玉野協力会」（四〇社）、玉原工業団地に入居する造船企業で構成される「玉原鉄工協同組合」（一三社）、構外企業として外注加工作業を担当する企業を中心とした「玉野鉄工協議会」（一八社）、建設・土木関係の協力企業で組織される「三井造船建設請負組合」（八社）の四団体のいずれかに所属している企業が殆どである。このうちの複数団体に加盟している企業があるため、企業数としては八四社である。その他に、どの団体にも属していない企業が数社ある。

図３—４　三井造船協力企業84社の事業内容別企業数

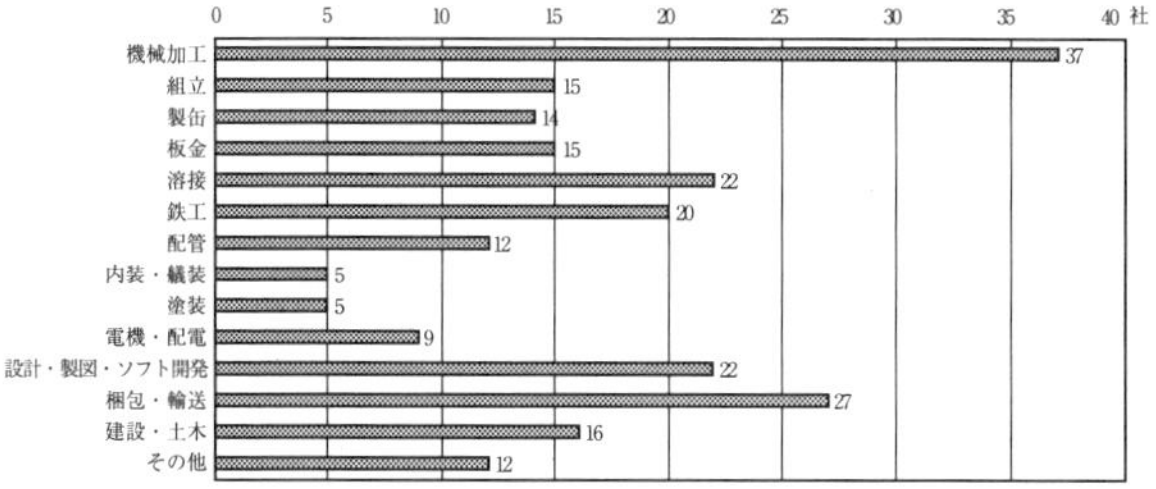


注：三井造船資料をもとに岡山経済研究所作成

「協力会」に属する企業に多い構内協力企業は、三井造船からの作業請負の形態で、造船所の工場内で作業を行うもので、船殻工程では鋼材の溶接、切断、塗装、足場、構内運搬等の作業を行い、艤装工程では部品取付、配電、メンテナンス等多岐にわたる作業をこなしている。また「協力会」企業には、構内企業だけでなく、構外企業も多く含まれており、これらの企業は鋼材の切断、溶接、製缶や設計・製図、梱包・輸送などの業務を担当している。

「玉原鉄工協同組合」の企業が入居している玉原工業団地（六〇ヘクタール、九〇社入居）は、玉野市が七二年、市内玉原に造成したもので、入居企業の中には構内業者が事業拡大のため団地内に転出し、自社工場をもつようになった企業も多い。同団地「協同組合」傘下の企業と「協議会」傘下の企業の殆どは構外企業であり、その多くは各種工作機械をもち、ディーゼルエンジン部品の他、各種産業機械部品の機械加工、製缶、組立等の業務に従事している。

三井造船資料によると、九八年度の玉野事業所からこれら関連企業への発注額は五一二億円[2]で、同事業所の生産額一六八六億円の約三〇％に相当する。外注先企業の品質、価格、納期が、製品の競争力を大きく左右するため、三井造船では外注先を同社の「構外における生産工場」と

図3―5　三井造船玉野事業所生産高と市内業者への発注高

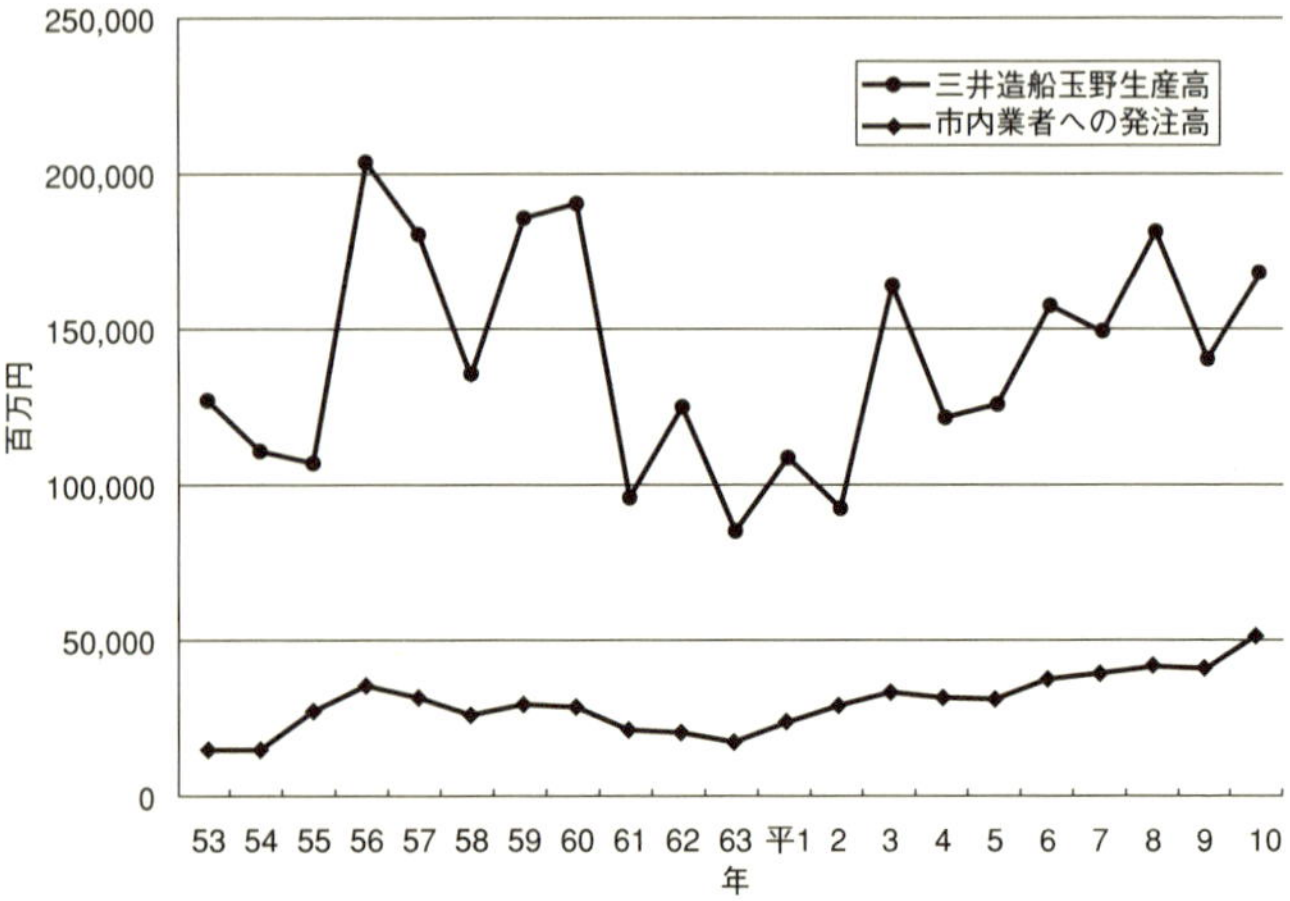


資料：三井造船

位置づけ、本体と密着した外注政策を採っている。

地元企業への発注額の推移をみた図3―5によると、造船本体の生産高の変動に比べて、比較的安定した推移を示しているが、現在の厳しい競争環境によりこれまでのような安定した仕事量の確保は困難な状況になりつつある。

## 下請加工中心だが自立的なメーカー機能も育つ

玉野市は、典型的な企業城下町とされており、中小機械金属メーカーの販売先や生産・加工形態にもその特徴が色濃く現れている。玉野市内の機械金属工業（金属製品製造業、一般機械製造業、輸送用機械製造業、電気機械製造業）へのアンケート（九五年一一月実施。有効回答数八一）によると、玉野市の機械金属工業のうち「特定の企業または系列企業へ五〇％以上納入している」という企業が約六割を占めている。一方「販売先は複数で分散している」という企業も三割強を占める。

表3—2　玉野市機械金属工業の生産・加工形態

| 主力部門の生産・加工形態 | 割合 |
|---|---|
| ・作業請負 | 18% |
| ・加工図面と材料支給による加工・組立 | 23% |
| ・加工図面のみ支給による加工・組立 | 22% |
| ・基本仕様の提示を受け、詳細設計のうえ加工・組立 | 11% |
| ・自社製品の受注生産 | 18% |
| ・その他 | 8% |
| 合　計 | 100% |

注：機械金属工業は金属製品製造業、一般機械製造業、輸送用機械製造業及び電気機械製造業
資料：「機械金属工業アンケート調査」（平成7年11月実施。有効回答数81）

また機械金属工業の、「主力部門」の生産・加工形態をみると、作業請負が一八％、加工図面を受けて加工組立を行うという企業が四五％と、両者を合わせて六割以上の企業が典型的な下請企業の生産形態となっている。その一方で、基本仕様は親会社からもらうが、それを元に自社で詳細設計し加工組立を行うという企業が一一％、自社開発の製品を受注生産しているという企業が一八％を占める（表3—2）。

この割合をどう考えるかは難しい。しかし、一〇〇社近い関連企業の中でも中堅以上の企業を当たってみると、納入先が一社のみという企業は現在は殆どない。上記アンケートで「非主力部門」では自立的な企業の割合がさらに高まると考えられることから、玉野の企業城下町としての基本的性格は変わらないまでも、一定の設計機能を有し、自社ブランドの製品をもつような自立度の高いメーカーがある程度育ってきていると考えられる。

## ディーゼルエンジンにより育てられた多様な金属加工機能

造船は総合組立産業といわれるように、船舶の建造には船体、主機の製造から数々の艤装品に至るまで、膨大な組立・加工機能が動員される。また造船だけでなくディーゼルエンジンやコンテナ・クレーン、

各種産業機械など重機械の組立・部品加工を通じて、優れた金属加工機能をもつ大量の中小企業を生み出している。それらの事業内容は設計・エンジニアリング、機械加工、製缶溶接、鉄鋼構造物、圧力容器・熱交換器・タンク類、パイプ加工配管工事、鉄工組立・溶接工事、メンテナンスなど極めて多岐にわたっている。

このような多種多様な金属加工機能は、造船や重機械の下請業務を通じて蓄積されてきたものであるが、中でも世界最大級の生産規模を誇るディーゼルエンジンの存在が大きく関わっている。というのも他の多くの造船城下町では、船体の組立、艤装品の組立、取り付けが主体であるため、集積としての加工機能は溶接・製缶作業が中心の比較的単純な機能構成になっているところが多い。これに対し玉野においては、中小企業が高度な加工を要する多種多様なエンジン部品に取り組んできたために、集積全体の加工機能としては相当幅の広いものとなっているのである。

大手造船メーカーでは、自社内でのディーゼルエンジン製造が一般的であるが、船とエンジンを同一場所で製造しているのは、他に相生市（ディーゼルユナイテッド）、神戸市（三菱重工業、川崎重工業）などわずかで、しかも玉野ほど生産規模は大きくない。ディーゼルエンジンは、ユーザーの要求に対応して、これまで高出力化、省エネルギー化、低燃費化等絶えず技術革新が行われてきた。その過程で、関連企業が果たした役割は大きなものがあり、またそれによって技術の高度化を図ってきたのである。

前出アンケートにより自社内に保有する生産設備、生産機能をみた図3―6によると、金属材料切断を行う企業が最も多いが、その他、各種溶接、NC工作機械加工（旋盤、フライス盤、マシニングセン

図３—６　玉野市機械金属工業の加工機能

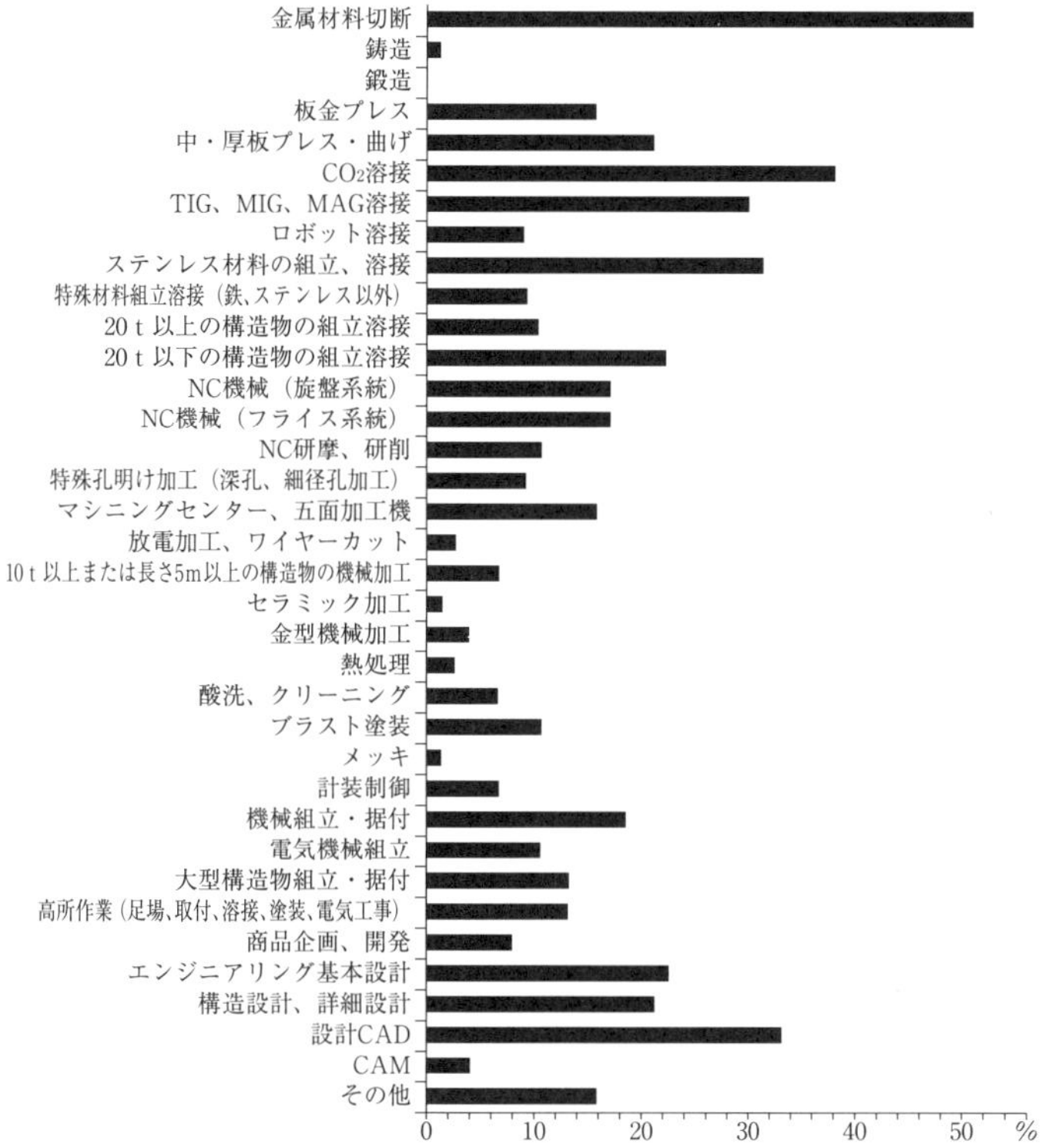


注：各加工機能保有企業数／回答全企業数（%）
資料：表３—２に同じ。

ター）、板金プレス、機械組立・据付などの生産機能が強いことが分かる。とくに二〇トン以上の対象物を扱うような大物・厚物の板金、機械加工、溶接についで大きな強みを有しているといえる。いうまでもなく、こうした大物加工には生産設備だけでなく、労働者に体化された熟練技能が必要となる。自動車や弱電の場合、製造ロットが大きいため生産工程のＦＡ化等による合理化が可能だが、

## 図３―７　玉野市機械金属加工機能の集積度と市街への外注依存度

| 域外依存度＼集積度 | 低 | | | 高 |
|---|---|---|---|---|
| 高 | ○鍛造<br>○酸洗、クリーニング<br>×放電加工、ワイヤーカット<br>×セラミックス加工<br>×計装制御<br>◎鋳造<br>◎熱処理<br>◎メッキ　（ハ） | ○高所作業<br>×大型構造物の組立・据付 | ×エンジニアリング・基本設計　（ロ） | ◎金属材料切断 |
| | ○10ｔ以上又は長さ５ｍ以上の構造物の機械加工 | ○ＮＣ研磨、研削<br>×特殊孔明け加工（深孔、細径孔加工）<br>○電気機械組立<br>○20ｔ以上の構造物の組立溶接<br>×特殊材料組立溶接（鉄、ステンレス以外） | ○機械組立・据付<br>○板金プレス<br>◎ＮＣ機械（フライス系統）<br>○マシニングセンター・五面加工機<br>◎構造設計・詳細設計 | ○Ｃ$O_2$溶接<br>○ステンレス材料の組立・溶接<br>○設計ＣＡＤ |
| | ×金型機械加工　（ニ） | ◎ブラスト塗装 | ◎ＮＣ機械（旋盤系統）　（イ） | ○中・厚板プレス・曲げ<br>◎20ｔ以下の構造物の組立溶接<br>◎ＴＩＧ、ＭＩＧ、ＭＡＧ溶接 |
| 低 | ×商品企画・開発<br>×ＣＡＭ | | ×ロボット溶接 | |

◎　外注総量が大
○　外注総量が中
×　外注総量が小

資料：表３―２に同じ。

造船や大物産業機械の場合は熟練労働力に頼る部分も少なくない。こうした製造現場における熟練工の存在も豊富であり、玉野の工業基盤を支えている。

　また、玉野地区の企業へのヒアリングによると、玉野の工業機能の弱点として設計機能が弱い点を指摘する声が多いが、実際には企業数からみるとＣＡＤ、構造設計、詳細設計も含めて、かなりの企業が存在していることが分かる。

　一方、鋳造、鍛造や、

熱処理、メッキ等の表面処理については、市内に業者が殆どいない。このため、鋳造、鍛造の多くは岡山、倉敷両市の業者へ、また熱処理、メッキ等は殆ど阪神地方に依存しているのが実態である。

また、構造設計・詳細設計、設計CAD、ステンレス材料の組立・溶接、マシニングセンター加工、フライス盤加工などの諸機能についてみると、市内に相当数の業者があるにも関わらず、市外への外注依存度が高い（図3―7）。当然のことながら市内企業相互間の受発注が盛んになれば、集積全体としての生産が増大し、企業の輸送コストも低下する。従って、市内企業で発生した加工需要は可能な限り市内企業が供給することが望ましいが、現実にはそうなっていない。この背景には、①市内で加工融通をするための中小企業間の「横の連携」が希薄である、②特定の加工による下請仕事が中心のため、技術の汎用性が低い、③価格、納期等の条件面が合致しない、④加工精度など技術面のニーズに適合しない、といった要因が絡んでいると考えられる。

## 三　関連企業の事業展開と自立化

### 受注先の多様化と新分野への進出

京阪神の大工業地帯から重厚長大産業が姿を消しつつある今日、こうした玉野の金属加工機能の集積は全国的にみても数少ない存在となっている。だが、そのような状況に安住できる市場環境ではもちろんない。発注元企業は、海外調達等によってコストダウンを図ろうとしており、付加価値の高い重要部品については内製化を進めている。ディーゼルエンジン自体も、もはや製品のライフサイクルとしては成熟製品になりつつあり、韓国を始めとするアジア諸国の技術力も大幅に強化されている。そうした中で、これまで通りの特定加工分野の下請業務で生き残っていけるのは、限られた企業のみであろう。

とすれば、集積全体の基盤を維持するために、ディーゼル等で培われた金属加工技術を生かして、受注先の多様化や新分野の開拓を図りながら、「脱専属化」「脱下請化」の方向に向かうよりほかはない。このことは玉野の中小企業の間では、既に強く認識されているところであり、現実にそうした方向に経営の革新を行っている企業もみられる。

㈱三矢鉄工所（玉野市八浜町）

非鉄金属の機械加工・溶接や船舶艤装品、船舶クレーン部品、ディーゼルエンジン部品の製造を行う三矢鉄工所は、七〇年代中頃までは三井造船への依存度が一〇〇%であった。七〇年代半ばから本格的に設計部門（自動化省力化機械の設計）の強化に取り組み、溶接ロボットの周辺装置を開発した。造船不況が深刻化した八四年には、人材をスカウトし、メカトロニクス応用製品の設計製作を開始するとともに、九〇年にはFAシステム開発センターを建設、自動化・省力化機械の製作部門を強化している。この頃から三井造船依存度が五〇%を下回るようになった。溶接という自社の得意な技能を生かしながら専用機分野に事業フィールドを広げて行き、現在では造船関連機械加工三〇%、専用機（自動溶接機械、マテハン機械、組立機械）三〇%、自動車部品三〇%という売上構成になっている。「部品加工だけでは仕事の満足感がない。造船依存度が低下したのは、ものづくりに取り組んだ結果。」という同社社長は「三井造船と取引きしたことにより、機械加工、溶接の基本を習得できた。この部品はここまでやれば一流品という基準を体得できたことが大きい。」と語っている。

㈱タノムラ（玉野市長尾）

また農業用発動機のクランク、ロッド等の鍛造からスタートしたタノムラは、五〇年代中頃に三井造船のディーゼルエンジン部品を初めて受注、さらに新型工作機械を導入することによって同社の造船、造機、化工機三部門の仕事も手掛けるなど業容の拡大を図った。とくに大型機械を積極的に導入し、加工の差別化を図っていった。八〇年代中頃の造船不況に際しては、これらの設備を用いて、他社からのノウハウを導入しながら、建設向けのセメント・コンテナや、生コン用プラント分野を開拓し、仕事量を確保した。九四年には、自社開発により破砕機（ペンデュラム・ミル）を手掛けるなど、大物部品の製缶から機械加工までの一貫メーカーとしての総合力を強めつつある。現社長は「蓄積して来た技術資産を今一度見直し、伸ばすべき点は一層伸ばしていくことが必要。現在、大物加工を行う企業が減ってきて、むしろ引き合いが増えている。」という。

長尾鉄工㈱（玉野市玉原）

長尾鉄工は、七〇年代中頃までは三井造船の依存度が五〇％超で、ディーゼル機関部品の賃加工形を続けていたが、経営基盤の強化のため早くから自社製品にも取り組んできた。第一次造船不況以降は「賃加工半分、自社製品半分」を目標に自社製品の開発に力を入れ、納入先の多様化を図るとともに、大型ディーゼル機関の燃料弁噴射テスト装置・排気弁研削盤・高圧油圧ポンプの開発やマシニング・センター用のＡＴＣ・ＡＷＣ装置の製作に取り組んでいる。ＡＴＣ・ＡＷＣ装置は工作機械の付帯装置で、工作機械のユーザーとしての同社のニーズやノウハウを製品製作に結びつけたものである。さらに新聞広告自動折り込み機の開発を行い、大手メーカーを通じて販売するなど、ユニークな事業展開を行っている。

その他、加工度の高い重要部品を手掛けるため、自社努力や設備導入によって精密機械加工や研磨技術を確立し、親企業のニーズに応えるとともに、そうして修得した高度な加工技術が対外的にも評価されて、他の造船や重機械の大手工場等との取引につながっているケースも市内大手企業の中には多い。

以上は、いずれも既存の部品加工、組立の業務と並行して、受注先の多様化や自社製品の開発を行うことによって、「脱専属化」を進めている中小企業の例であるが、それらに共通するのは、まず受注先の多様化なり自社製品なりの取り組みを始めたのは、いずれも七〇年代中頃及び、八〇年代中頃の造船不況時であり、造船不況がむしろ経営の自己革新の転機となっている点が注目されよう。

また、自社製品の開発についてては、あくまで自社の金属加工技術をベースとして、それに自己研鑽や人材導入によって得られたメカトロ技術を結合させることによって製品開発を行っていることである。製品開発のフィールドとしては、様々な生産現場のニーズに合致した自動化、省力化機器、各種産業用機械の開発・設計が多く、これらには自己の金属加工業としての日常の経験・ノウハウが生かされている。こうした隙間市場に特化した開発スタイルをとっていることに留意したい。

さらに、七〇年代中頃以降、磨かれた金属加工技術を他業種に転用して、加工部品の納入先を多様化する企業が多くなっている。その場合、七〇年代以降、本格的に操業を開始した水島工業地帯の企業や、瀬戸内海沿岸に広く分布する他の大手造船、専業造船や重機械との新たなつながりを求めて、納入先を拡大した企業が多いことである。こうした玉野の「地の利」も大きく作用していると考えられる。

しかしながら、以上のような成功例は数の上では決して多くない。製品は開発できたが、商品として市場で評価され、利益をあげるには至っていないケースが殆どであるといってもよい。もともと「ものづくり」にのみ集中することができる下請賃加工が主体であったため、玉野の企業にはユーザーのニーズをキャッチして企画、設計を行う「開発機能」、及び潜在的ユーザーに働きかけて販売活動を効果的に展開する「営業機能」はあまり育っていないように思われる。この点は、今後への大きな課題であろう。また技術面についても、メカトロ関係の人材が少ない、精度の高い加工が不得手、といった点がよく指摘されるところである。

上記の企業の例に限らず、個々の企業レベルでは自社製品の開発や新分野の開拓への取り組みは、これまでも幾度も試みられている。しかし、造船市場が循環的な好転局面を迎えることによって、経営者の危機感が薄らぎ自己革新が中途半端に終わってしまうという例を繰り返してきた。玉野のような、いろんな意味で「小回りの利かない」産業集積の場合、新分野の開拓といっても容易ではないことも事実である。

## 四　環境変化と玉野機械金属工業の対応

### 集積内ネットワークの強化と総合エンジニアリング機能の形成

バブル経済崩壊以降、内外の経済環境が激変する中で、三井造船においても不採算事業から撤退や工場の統廃合、事業部門の再構築などの対応を進めている。これらは中小企業への影響からみて、次の三点に要約されよう。

第一に、徹底したコストダウンと生産の効率化による価格競争力の維持・強化である。三井造船では「三次元設計」「先行艤装」など最新の設計・生産システムの導入やシリーズ船の連続建造等によって生産性向上を図ると同時に、内製部門のみならず下請や購買を含めてトータルでのコストダウン対応力を強化しつつある。このため下請から内製化への転換、海外からの部品調達による仕事量の減少に加えて、下請の加工単価の引き下げ要請がさらに強まるものと考えられる。船舶関係の下請業務は物が大きく扱う量が少ないため、自動車部品のような量産効果によるコストダウンには限界がある。このため工程の合理化や外注の活用など、これまで行ってきた延長線上の対応しかなく、採算面で引き続き厳しい状況におかれることになろう。

第二に、不採算部門の見直しを行う一方、「脱造船」と収益力向上を目指し、市場拡大が見込める環境や物流、情報産業関連機器に経営資源をシフトしている。その結果、玉野の事業分野も変化し、下請取引にも影響が生じることが予想される。また重要なことは、こうした新分野の事業展開に際して、三井造船では「ものづくり」そのものよりも、エンジニアリング機能に特化した開発・生産形態（EPC事業＝エンジニアリング・プロキュアメント・コンストラクション）を志向していることである。そうなれば部品の委託加工に代わって、海外や大都市周辺の企業から半製品やユニット部品を調達・購入する形が一般的となり、部品加工を中心とした玉野地域の中小企業が新分野に食い込んでいくことは事実上困難とされているのである。

第三は、以上のような一企業での対応にも限界があることから、九九年以降、業界再編をにらみながら他大手造船（川崎重工業、石川島播磨重工業）との業務連携にまで踏み込む動きが出てきていることである。[3] 三社は資材の共同購入や設計の共通化、生産協力などでコスト削減を進めるとしており、この結果、玉野にいかなる影響が及ぶかは不明である。しかし大きな方向としては、提携各社の工場ごとの比較優位性に従って部門別に生産が集約されることが予想されるため、多部門を擁する玉野事業所への影響は、いずれにせよ少なくないと思われる。

造船・重機業界を巡る厳しい経営環境と、それに対する大手企業の以上のような対応は、結果として関連中小企業の存立基盤を大きく揺るがすことになろう。そうした中を、玉野の工業集積が全体として生き残っていく方向性があるとすれば、まず各企業が各々得意とする技術を確立することにより、集積内の加工機能の多様化と高度化を図ることが前提条件となろう。その上で、専門化され高度化された加工技術を造船以外の分野に広げる形で受注先の多様化を図っていく、あるいは専門化された加工技術を各企業が共有化し、製品の共同開発やユニット受注に対応できるようなネットワークをつくりあげていくことが課題となろう。[4]

また玉野地域の有力企業の中には、溶接〜機械加工〜電機制御〜組立といった製品開発の技術的基盤ができている企業も多い。しかしながら新たなコンセプトに基づいて基本設計を行い、製品開発を行う機能は十分でなく、そのために必要なマーケティング力、販売力等も十分培われていなかった。このため地域内の多様な金属加工技術や蓄積された人材、ノウハウ、経験を生かしながら、創造的な展開力にまで高めていく「総合エンジニアリング機能」をどのような形で形成していくかが大きな課題となろう。

（1）㈶日本船舶振興財団『「中国地区における造船業の将来展望に関する調査研究」報告書』一九八八年三月、

三四ページ。

（2）子会社への発注額を含む。また設計やソフト、運輸、建設等の非製造業への発注額を含む。また一部市外企業を含んでいる。

（3）三井造船と川崎重工業は九九年九月、官公庁船を除く造船事業での業務提携を発表。また二〇〇〇年九月には、石川島播磨重工業を加えた三社が、一般商船分野で業務提携、資材の共同購入や設計の共通化、生産協力などでコスト削減を目指すこと、また三社は今後、「艦艇事業を含めた造船部門全体の分社・統合」を検討する方針であることが報道された。

（4）九七年度から玉野地区の造船関連企業など二〇社が集積内のネットワークの強化を狙いに、T－NETと名付けたイントラネットを構築。各社の詳細な生産能力情報をインターネットを介して共有し、受注拡大や仕事の融通、共同受注の促進を目指している。

（参考文献）

1．岡山県『玉野市地域特別診断報告書』一九七九年
2．岡山県『特定地域中小企業振興計画～玉野地域』一九八八年
3．㈶日本船舶振興財団『「中国地区における造船業の将来展望に関する調査研究」報告書』一九八八年
4．三井造船『三井造船株式会社75年史』一九九三年
5．玉野商工会議所『玉野地域工業活性化ビジョン策定事業調査報告書』一九九六年
6．㈶日本小型船舶工業会『中小造船・船用工業の地域ビジョン策定に関する調査研究報告書（中国地区）』一九九九年

# 第四章　玉野市の機械金属工業の地理的環境

玉野市はいくつもの顔を持っている。一つの顔は、もちろん造船の街としての玉野である。かつてのような造船一色ではないにしても、今日においても街のあちこちには工場や社宅が並び、三井造船は街の中心であるといってもよいだろう。そして、それに関連する産業が集積するモノづくりの街であることは第一に挙げなければならない。

二つ目の顔は港湾である。こちらの顔も瀬戸大橋の開通によって宇高連絡船が廃止され、かつてのにぎわいはなくなったにしても、今日でもフェリーが宇野港と高松の間を結び、人ならばわずか三九〇円で高松に渡ることができることは驚きである。

三つ目は観光地としての顔である。三井精錬所の煙突が並ぶ日比地区から山間の道路を抜けると目の前に砂浜が広がる。夏にはこの渋川海水浴場は岡山各地からの海水浴客で賑わう。そして、その背後には王子ヶ岳がそびえているが、この王子ヶ岳の景観がユニークで、樹木の乏しい山のところどころに様々な形の岩がむき出し、南欧のリゾート地などをイメージさせる。これは花崗岩の地質や降雨量の少なさという自然条件と、森林伐採や煙害、山火事などの社会条件の組み合わせにより生じたものであり、現在も治山・植林事業が行われているのであるが、この景観は観光資源としては貴重なものである。

四つ目の顔は岡山市の郊外住宅地としての顔である。特に近年、市外へ働きに出る人の比率は増加している。一九七五年の国勢調査において玉野市に居住し市外で働く就業者の比率は九・六%であったが、八五年では一六・一%、九五年では二六・二%と、その増加は顕著である。これは造船業の雇用吸収力の低下というネガティブな要素と岡山市への近接性というポジティブな要素によるものであると考えられる。住宅地としてのアメニティを測る一つの指標として、一人当たり都市公園面積が挙げられるが、玉野市の九八年現在の都市公園は一人当たり四一・九四平方メートルであり、全国平均の七・四六平方メートル、岡山県平均の九・一二平方メートルと比べて圧倒的に広い。

このように玉野市は、いくつもの顔を持つ個性的な街であると感じられる。本章では、第一の顔であるモノづくりの街としての玉野市にフォーカスを当てるが、それ以外の「顔」との関連も考えることがモノづくりの発展につながると考えられる。そうした点を含めて、玉野市の機械金属産業について地理的な観点から考察する。以下では、玉野の自然的条件と都市・産業の発展との関連を考察したのち、産業集積としての玉野を近年の経済地理学の成果と関連づけながら論じ、最後に玉野の発展の方向性について言及してゆきたい(1)。

## 一　玉野の自然条件と都市・産業の発展

### 自然的特徴と玉野の近代

玉野市の中心部であり、造船関連工業の立地する玉野市南部は、花崗岩の丘陵と海に挟まれ、平地が非常に少なく、その狭い平地に工場と住宅が密集しているという特徴を持つ。こうした自然的特徴がこの地域の都市発展や産業立地に少なからぬ影響を与えている。

現在まで玉野市の中心となってきた三井造船が最初にこの地（玉地区）に立地したのは一九一七年であるが、その選定理由はこの地形条件にあった。岩石海岸で水深もマイナス七～マイナス一八メートルと深く、背後の丘陵や、海に浮かぶ葛島や直島に取り囲まれていることから波浪の心配がないという条件が、この地に造船業が立地する要因となった。また、船舶の部品は家庭用電器製品などと違い、そのサイズが大きいため、部品加工のための機械も大きく重いものとなる。こうした重量のある機械を設置するには軟弱な地盤は適さないが、この玉野の地質は花崗岩であるため堅固であり、この地は船舶用などの大型の部品加工を行うには適しているといえよう。

さらに、三井造船が立地した玉地区とその背後のわずかな平地である奥玉地区や和田地区に同社の従業者の居住する社宅や住宅が建設され、住民のための商店街も形成された。今日の玉野市の原型はこうしてできあがった。

一方、丘陵を隔てた西側の日比地区には一八九三年に三井金属の精錬所が建設され、東側の宇野地区には宇野港が修築され、瀬戸大橋開通まで本州と四国を結ぶ大動脈であった宇高連絡船が就航していた。しかし、これらの宇野地区、玉地区、日比地区の間に存在する丘陵が障害となり、これらの地区は一体性に欠けていることが指摘されてきた。地形的条件だけではなく、精錬と造船の間には産業の性質上から連関はないことや、宇野港は旅客と車と船の乗り換え場所でしかなく、貨物に関しても木材や穀物などの輸送がほとんどを占め、造船業に利用されることはなかったことがその理由としてあげられよう。

このように、東北側の宇野港周辺、中央の玉地区の三井造船所および奥玉・和田地区の社宅街、そして南西の日比地区の三井精錬所周辺という三つの集落は、その間を丘陵が隔てており、それぞれの集落が独立した発展をしてきたといえよう。

## 工業用地の狭隘と工業団地開発

造船関連産業に関して工業用地が少ないことの影響は、第一に造船所本体の大型化の障害となることが挙げられる。特に戦後、船舶の大型化や建造方式の革新が進むなかで小規模の船台しか持てないことは不利になる。これについての詳細は他の章を参照されたい。

第二に、関連産業の立地が限られることである。したがって、関連部品のかなりの部分が地域外から輸送されることになる。もちろん、玉野においても関連下請産業が多く生まれるのであるが、当初それらのうちのかなりの部分は三井造船の構内下請による労働力の提供という形をとった。構内下請は、企業規模による賃金格差を利用したものであり、技能・技術や経営面での独自性の発揮において限界がある。したがって、構内下請のなかで力をつけた企業は、自社工場を持ち、そこで経営の独自性を高めようと考えるのは当然である。しかし、平地が狭いこの地区では用地は限られており、宇野から日比にかけての海岸線のわずかな平地にいくつかの企業が立地した。また、住宅用地も限られていることから、必然的に住宅地と工場が近接することになる。住宅と工場が近接すること自体は悪いことではなく、今日ではむしろ積極的に評価されているが(2)、公害問題が表面化する六〇年代から七〇年代にかけて、夜間操業による騒音や廃棄物などが問題となった。それゆえ、新たな工業団地の造成が求められるようになる。

そこで、再びこの地域の自然的特徴が影響を与える。雨が少なく乾燥した気候のこの地域ではしばしば山火事が起こる。その山火事が玉原地区の山林を焼失させたことをきっかけに、六九年玉原地区に三六五・四一三平方メートルもの玉原工業団地が造成された。七〇年には三井造船の下請企業（当初一一社）が集団で移転、玉原鉄工業協同組合を結成し、酸素や工具類の共同購入、売店と食堂の開設を行ってきた。現在では三井造船と関連のない製造業や物流・サービス業などを含めた三二社が立地している。

### 各地区の工場の分布とその性格

図4―1は玉野市の地区ごとに工場密度を求めて地図化したものである。これによると、三井造船玉野事業所の敷地が多くを占める玉地区は工場の密度は高くない。しかし、製造品出荷額や粗付加価値額では玉野市全体の半分以上を占めており、玉野市の工業の中心であることはいうまでもない。玉地区の西側の奥玉地区は住宅地であり従業員四人以上の工場は存在せず、さらにその西側の玉原工業団地のある玉原地区が工場密度が最も高い。これらの地域に隣接する外側が宇野駅・宇野港周辺の築港地区や宇野地区、あるいは和田地区であるが、これらは玉原地区に続いて密度が高い。さらのその外側の田井地区、日比地区がそれに続く。その他の東児、山田、八浜、庄内、渋川の各地区は山林などが多いことや、三井造船と距離が離れていることもあり、工場の密度は低い。おおよそのイメージとしては三井造船玉野事業所を中心に、同事業所から離れるほど同心円を描くように工場の密度が低くなっていると考えてよいだろう。

次に、各地区の工場の性格を検討してみたい。図4―2は、一事業所当たりの従業者数を示したもの

図4―1　玉野市の地区別工場密度（1998年）

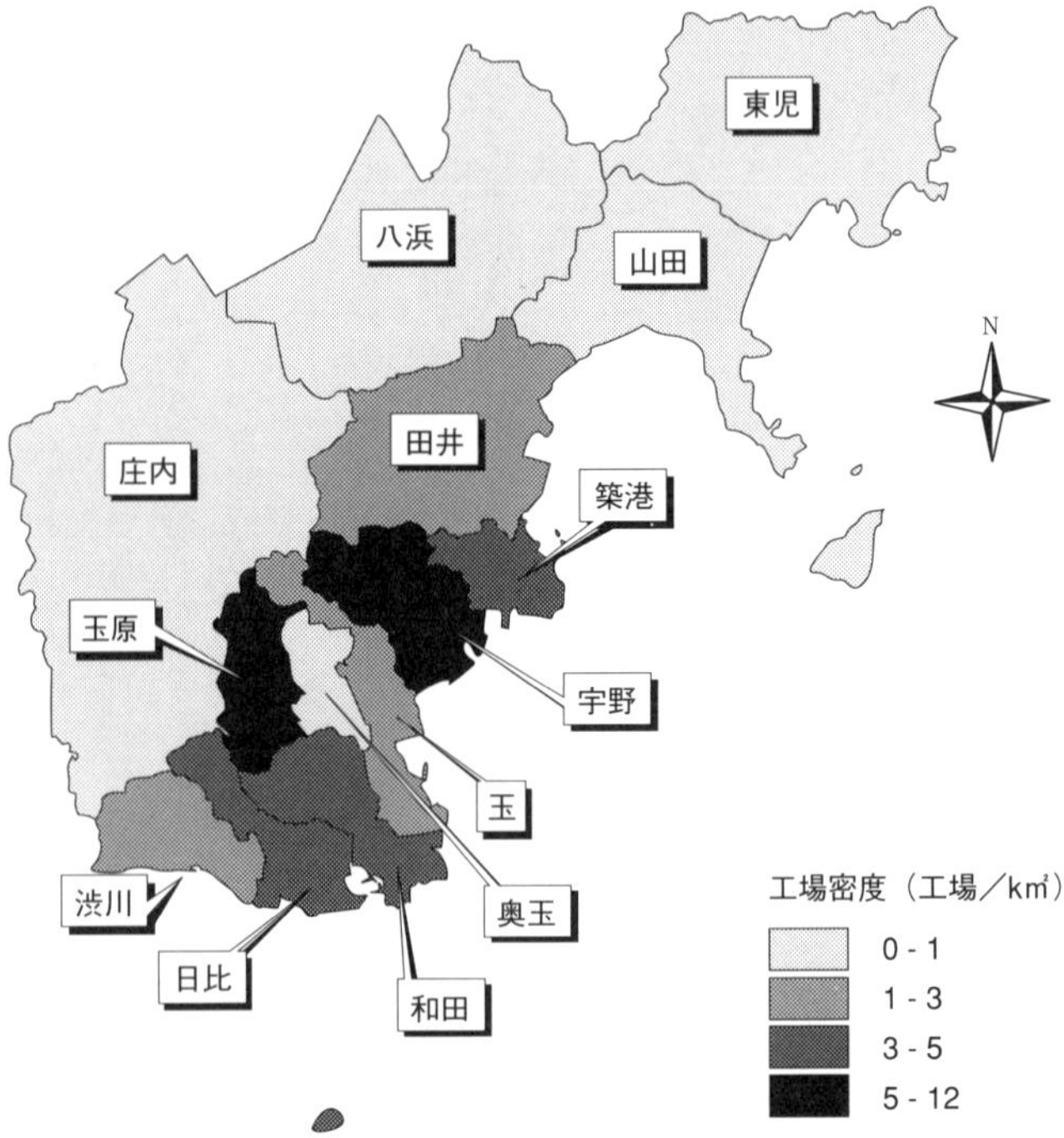


資料：玉野市統計書（平成11年度）

で、色の濃い地区ほど大規模工場が多く、薄い地区は小規模工場が多いという傾向を示しているといえる。これによると、三井造船のある玉地区で一事業所当たりの従業者数が多くなるのは当然であるが、宇野・和田などその周囲の各地区で小規模工場が密集していることが示されている。こうした地区に造船関連の小規模な関連工場が立地していると考えられる。

図4―3は、各地区の受託加工比率を地図化したものである。受託加工比率とは、加工賃収入額／製造品出荷額等×一〇〇で表すことができる。

図4—2　玉野市の地区別1事業所当たりの従業者数（1998年）

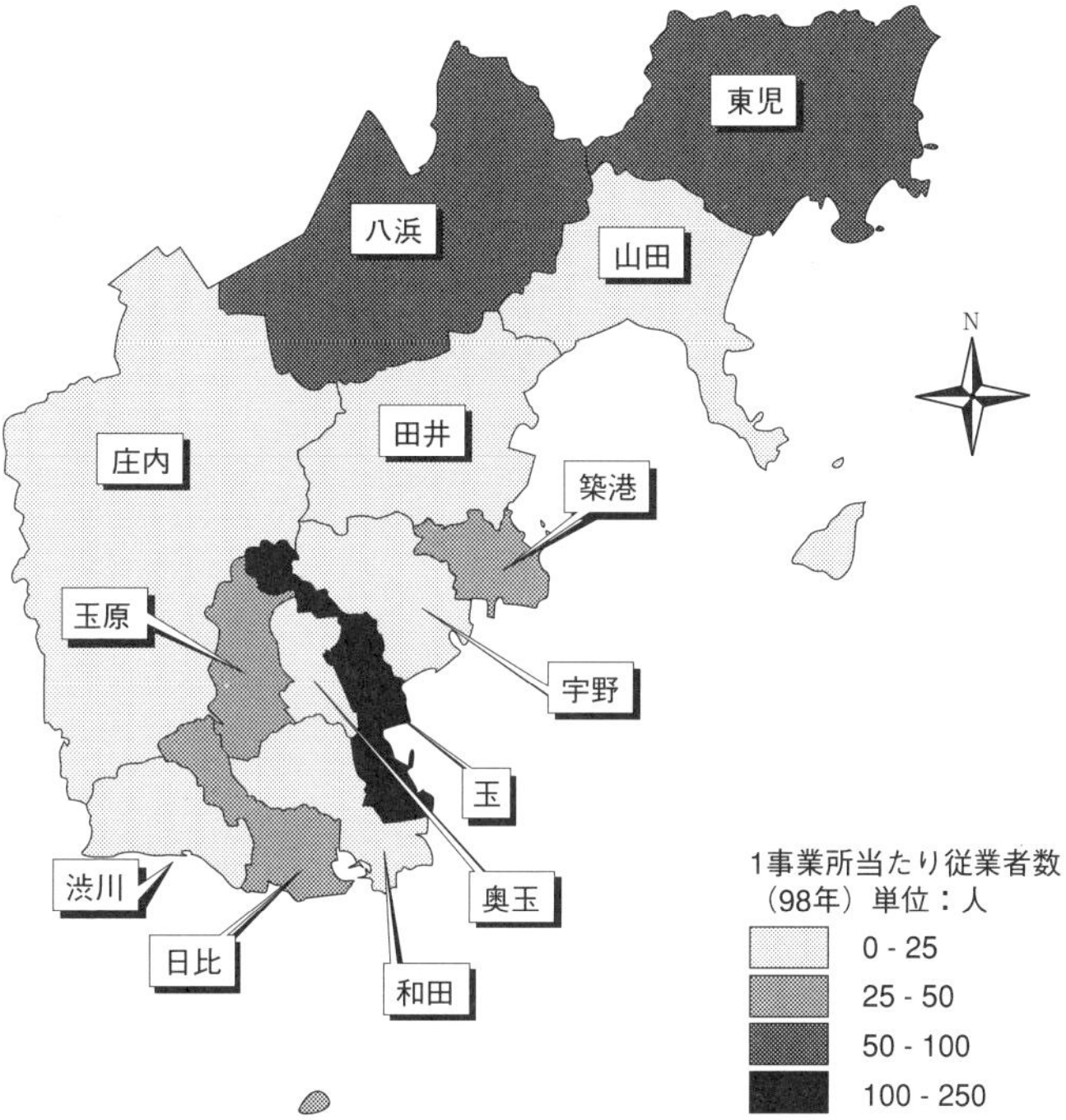


資料：玉野市統計書（平成11年度）

加工賃収入額とは、他の企業の事業所が所有する原材料や製品に、加工を請け負った場合の収入額であり、加工業務の収入、おおざっぱにいえばいわゆる「下請」の収入であると考えてよい。製造品出荷額等とは、その加工賃収入額＋製造品出荷額＋修理料収入額で表され、その事業所の収入全体である。つまり、受託加工比率によって、その地域の事業所がどれだけ加工業務に依存しているかを示すことができる。この図によれば、日比地区、渋川地区では五割以上が賃加工である。玉地区では三井造船本体の出荷額が

図4—3　玉野市の地区別受託加工比率（1998年）

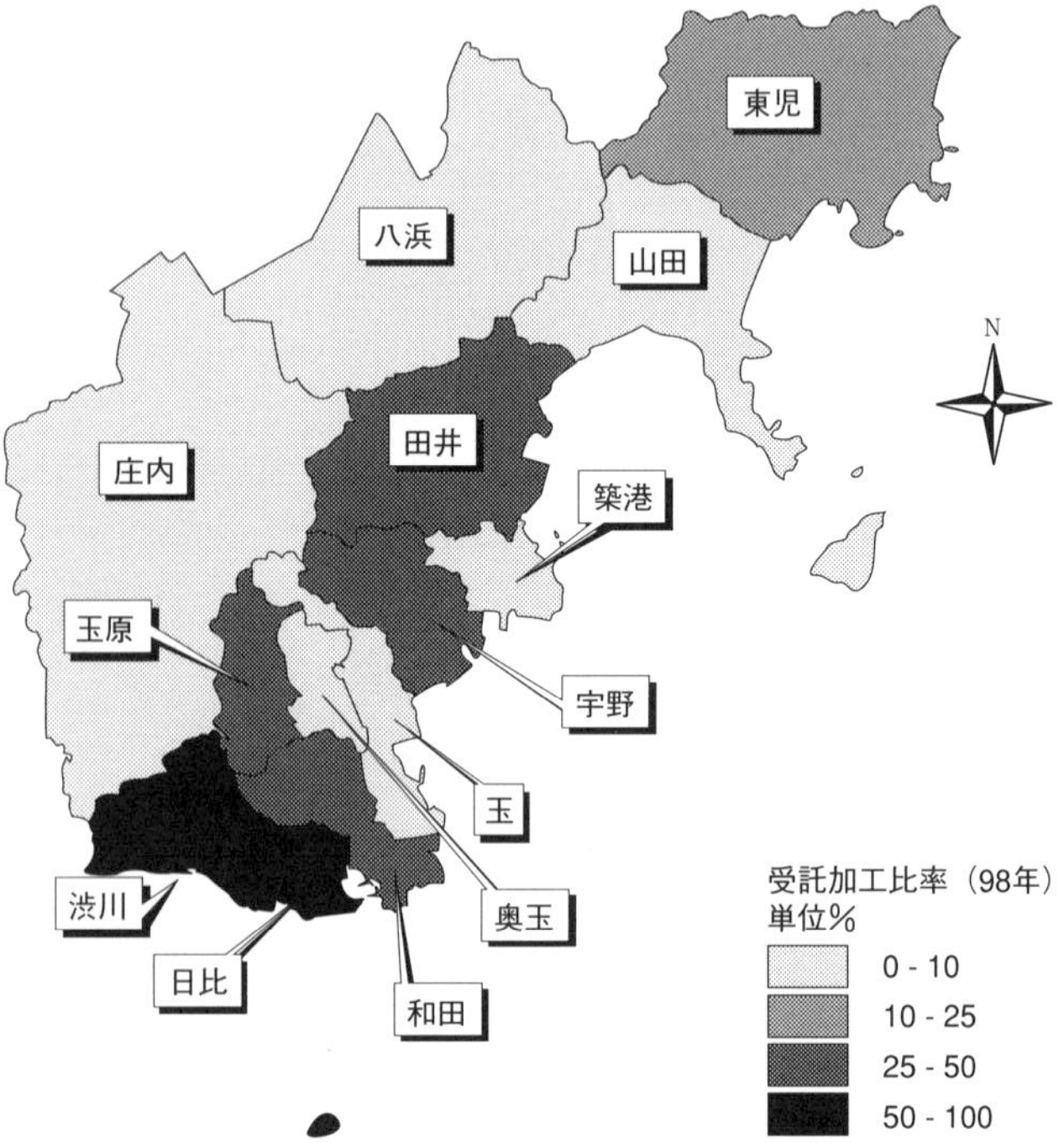


注：受託加工比率＝加工賃収入／製造品出荷額等×100
資料：玉野市統計書（平成11年度）

大きく影響するので、この比率は当然のことながら低い。また、工場の存在しない奥玉もゼロである。しかし、その周囲の宇野、玉原、和田、庄内、田井の各地区においては、収入の四分の一以上が賃加工であり、この地域の下請の比率の高さを示している。こうした地区が造船関連企業の集まる地区であると考えられる。

## 都市計画と各地区の個性

図4—4は玉野市中心部における都市計画の用途地域指定を表した図である。本章では特に工業用地に関心があるため、低層住居専用地域、中

図４—４　玉野市中心部における都市計画の陽と地域指定

資料：岡山県広域都市計画（玉野市）総括図（1995年修正）

高層住居専用地域、住居地域といった住居系地域、近隣商業地域、商業地域といった商業系地域を「住宅・商業系地域」としてまとめ、準工業地域、工業地域、工業専用地域の四種類の用途指定を地図化している。

工業系の指定地域は、玉原工業団地、三井造船と三井金属鉱業日比精錬所の敷地が工業専用地域となっているが、その他の工業地域や準工業地域は、宇野港から三井造船までの海岸沿い、日比地区の海岸線、田井地区の工業団地に限られている。しかも、これらの多くは準工業地域であり住宅と工場が混在した地区であるため、都市計画上は騒音の発生や危険物の使用などをともなう工場は制限される。

一方、住宅・商業系地域もまた限られており、わずかな平地や山を削って造成した玉原団地などに偏在している。なお、渋川海岸と王子が岳周辺の倉敷市との境界付近の地域は、「景観モデル地区」「自然緑地景観形成ゾーン」に指定されている。この指定区域内では建築物・工作物の新改築などについては、県に届出が必要となる。これはこの地域の観光資源としての価値を守るための方策であるといえる。

これらから、玉野市では狭い平地に住宅と工場がひしめきあい、かつ観光資源としての景観を守らなければならない状況が理解できる。こうした地形的条件のなかで玉原工業団地の果たした役割は大きかったと考えてよいだろう。敷地に余裕があるだけではなく、工業専用地域であるために夜間の操業などで騒音を気にしなくともよいという利点は小さくない。

ところで、玉野市に郊外住宅地としての面があることは冒頭で述べた。それは、八八年から九八年までの十年間における各地区の人口増減率を求めた図4―5をみると明らかになる。これによると、近年人口を大きく増加させているのは市の北側で岡山市や倉敷市へのアクセスの良い八浜地区、庄内地区、

図４—５　玉野市の地区別人口増加率（1988—98年）

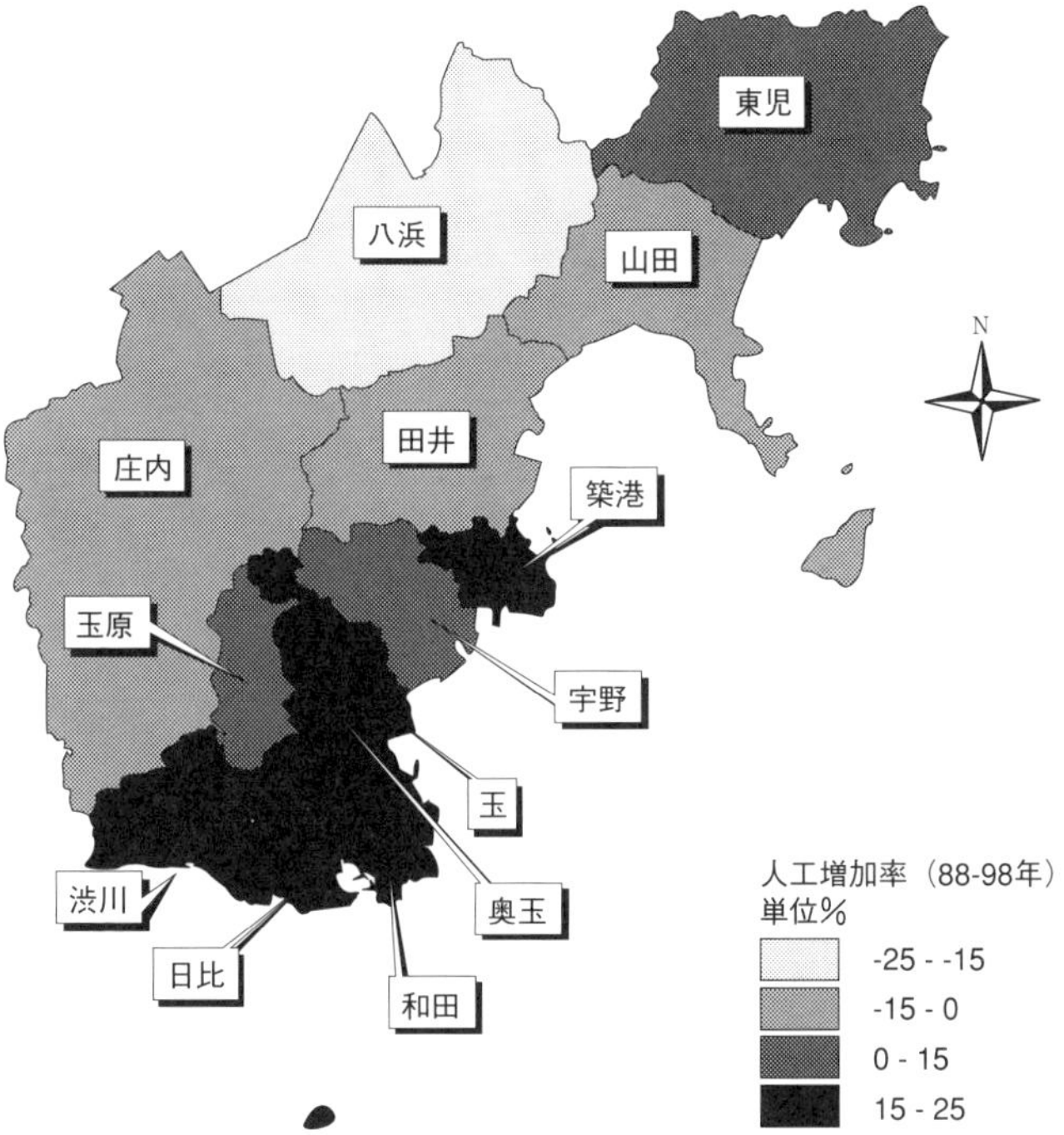


資料：玉野市統計書（平成11年度）

山田地区である。この十年間で玉野市全体の人口増加率はマイナス四・七％の減少であるなかで、これらの地区は増加率がプラス一〇％前後であるのは特徴的である。特に、一万人以上の居住者を持つ庄内地区を例に取と、この地区では老年人口（六五歳以上）の比率が一七・八％であり、玉野市全体の老年人口が二〇・七％であること（いずれも九八年住民基本台帳）に比して小さいこともこの地区の新興住宅地としての性格を示すものであろう。

逆に、三井造船のある玉地区やその社宅や関連工場のある市の中心部から南部にかけては、この十年間で人口を一〇%から二〇%減少させている。特に玉地区や奥玉地区では老齢人口の比率が三〇%を超えているように高齢化が進展している。これらは三井造船の人員削減にともなう社宅居住者の減少とかつての造船労働者の高齢化を示すものであろう。

以上のように玉野市では、三井造船関連工場の密集する市の中心部から南部にかけては人口減少と老齢化、岡山市に近接した北部の人口増加という二つの現象が同時に起こっているといえよう。ここで、特に問題になるのは、中心部と南部の衰退である。これはまさしくこの地域の産業の問題でもある。したがって、以下ではこの地域を機械金属工業の産業集積地域としてとらえ、その問題点について考えていきたい。

## 二　経済地理学における産業集積論

産業がある地域に集まっていることが、なぜ有利なのか（あるいはなぜ不利なのか）。この問いは、経済地理学の一分野である立地論が古くから扱ってきた問題である。本節では、経済地理学における産業集積論の系譜を整理しておきたい。[3]このことが産業集積としての玉野を考えるうえで有効であると考えるからである。

### 輸送費用と規模の経済

工業立地論では従来から、工場が集積する理由として、①工場の間の距離が小さくなることでモノを輸送する費用や時間の節約、②用水や設備などの関連するインフラストラクチャーを共有できること、などが挙げられてきた。大規模な組立メーカーの周りに関連する部品サプライヤーが集積するいわゆる企業城下町も①の輸送費用と時間の節約により説明されてきた。

このように、輸送費用・時間で集積を説明する場合、道路などの輸送技術が発達し、輸送時間の短縮・低コスト化が実現すれば、工場は分散することになる。こうした考えにもとづいて、高度成長期には、既存の集積から離れた地方に、②のようにインフラを共有できる工業団地が開発され、確かに工場の分散はある程度進んだ。この理屈では輸送手段が発達すればするほど、工業の分散が進むことになる。いうまでもなく既存の集積から離れた地方や、国境を越えた海外には賃金の安い地域・国があるからである。

しかし、そうした分散はある程度までしか進まなかった。むしろ、八〇年代ごろからかえって特定の地域への集積が顕著にみられるようになる。そこで、こうした輸送費や規模の経済だけでは、低成長期以降の、レギュラシオン学派の用語を使うならポスト・フォーディズム時代の、変化の激しい今日の経済状況における産業の集積を説明できないことが指摘されるようになる。そのため、時代に合った集積の説明が求められていったのである。

### 産業集積の柔軟性

ロサンゼルスを本拠とする地理学者であるスコットは、八〇年代にロサンゼルス郊外のハイテク産業集積の実態分析を行い、取引費用という概念によりそれらの集積を説明した(4)。市場が変化しやすく不確実な時代においては、生産における柔軟性が要求される。過剰生産や技術の固定化などのリスクを回避するため、工程間の分業を進める必要がある。工程間の分業とは、大企業の組織内ですべての工程を内製するのではないく、外部の企業に外注化するもので、最近流行の用語でいえばアウトソーシングやスピン・オフ、分社化に代表されるものと考えてよい。そこで問題となるのが、工程間分業した企業の間の取引に関わる費用である。企業間の取引は組織内の取引よりも予測しがたく複雑である。そうした企業間の取引費用（具体的にはコミュニケーション費用、移動費用、物流費用など）は地理的な距離と関連するため、そうした距離を短縮し、取引費用を削減するために集積は生まれる。

このスコットの説明は、アメリカのハイテク産業の集積を特にうまく説明するものであるが、それ以外の産業の集積についても適用できる。この説明によれば、生産が集積内にとどまるものとそうでないものが明確になる。つまり、単純化・図式化するなら、市場が不安定で技術の変化の激しいものは小企業による分業が進み集積内にとどまり、市場が安定的で技術的に成熟したものは大企業による統合が進み分散する、というものである。

このスコットの説明は、明快で分かりやすい一方で、その「分業から集積へ」という直線的な図式が批判を浴びることにもなる。もちろん、現実は複雑であるため、この図式ですべてを説明することはできないし、例外も多くあることは確かである。しかし、この説明は、その明快さから直接的・間接的に今日の産業集積論にも影響を与えている。

スコットやそれ以前の立地論は、費用の削減というものを原理として集積を説明してきた。しかし、それらには一つの問題がある。その原理では二つの地域に同じ数の企業が同じ数だけ取引を行えば、その地域は同じ経済的パフォーマンスを生むことになる。しかし、現実には同じように産業が集積している地域でも成功するところもあれば衰退するところもある。つまり、費用の削減という原理では、「いい集積」と「悪い集積」を区別できない。

そこで、クックとモルガンやストーパーなどの地理学者は九〇年代に、「イノベーション」「学習」というものに注目して集積をとらえようとした(5)。彼らは、企業間の取引を単にモノや人や情報の移動とだけとするのではなく、その間からイノベーションが生まれ、技術が学習されるものとしてとらえている。例えば、機械産業を例にとれば、部品サプライヤーが完成品組立メーカーの新製品開発段階から参加し、共同開発や改善提案を行うことによって性能の向上や低コスト化を実現している。このプロセスは企業間の相互作用がイノベーションを生む例といえ、浅沼萬里はこれを「関係的技能」と定義している。この関係的技能の形成には頻繁なコミュニケーションや共同作業を必要とし、両者の地理的な近接と共通の言語や文化的背景を持つことにより促進される。また、「関係的技能」は、その相手企業以外の企業においても応用は可能であり、多種多様な企業と取引を行うことでその当該企業のイノベーション能力は向上すると考えられる。このように、多数の企業が集積して、その間でイノベーションや技術の学習が促進された場合に、産業集積は繁栄し、うまくいかなかった場合には衰退につながると考えられる(6)。

## 行動の枠組みとしての「制度」「慣習」

産業集積の繁栄と衰退のメカニズムの一つが「イノベーション」「学習」というキーワードにより明らかにすることができたわけであるが、次のステップとして、なぜそのような差が生じるのかという問題を考えなければならない。そこで、「制度」「慣習」というものを取り入れる必要が出てくる。これらの「制度」「慣習」は目に見えるところや目に見えないところで我々の行動を規制する枠組みとなる。そして、この「制度」「慣習」は国によって、地域によって異なり、資本や工場や経営者と違って移転することは容易ではない。それゆえに、繁栄する地域と衰退する地域が生まれる。

また、どの「制度」や「慣習」がベストか、という答えは一つではない。すべての産業や製品に共通し、あらゆる時代に通用する最良の「制度」「慣習」など存在しない。特定の経済状況や産業・製品・技術の性質によって、それに適する「制度」「慣習」は異なる。それゆえ、あらゆる時代に永久に成功する産業集積はありえず、そのために集積は絶えず繁栄と衰退を繰り返すものである。

ただし、それらは衰退は運命ではなく、その制度や慣習を変えてゆくことによって進化することは中長期的プロセスとしてもちろん可能である。その一つのきっかけとなるのが地域の外部との接触・交流であろう。外部とのリンケージを欠いた産業集積は、既存の技術の延長ではない全く新しい分野のイノベーションを取り入れることが遅れることや、経済環境の急激な変動に弱いことが指摘されている。特に近年は国境を越えたつながりも重要になってきている。地域内でのイノベーションと地域外との取引は背反するものではなく、両立し補完しあうものであると考えるべきであろう。

## 三　産業集積としての玉野

### 企業城下町としての玉野

今さら述べるまでもなく、玉野市の近代史は三井造船玉野事業所を中心に回ってきた。玉野は三井造船の企業城下町であったし、現在もそうであるといってよいだろう。この企業城下町である玉野を前節で述べた産業集積の議論からみると、どうとらえられるのか考えてみたい。

第一に考えられるのは、輸送費と輸送時間の問題であろう。三井造船と関連企業が近接して立地していることは、輸送の費用と時間の短縮につながる。いうまでもなくこのことが最も重要な点であろう。船舶の部品は大型のものも多いため付加価値に占める輸送費の比率は高い。また、家庭用消費財のように大量に生産されるものではなく、ロットが小さいことも輸送費や輸送時間の問題を大きいものにさせる。玉野に関しては集積の第一の要因を輸送の時間と費用とするのが最も適当であるように思える。

ただし、それだけではないだろう。三井造船と関連企業の近接は、両者のコミュニケーションを密接なものにし、開発段階・設計段階での改善提案などによるコストダウンを助ける役割を果たしていると考えられる。我々は、コストダウンといえば、機械による自動化や低賃金労働力の使用を思い浮かべがちだ。しかし、実はこうした現場のコミュニケーションと知恵から生まれるコストダウンはこれまで日本の製造業の強さを支えてきたものであるし、船価の低落にともなう三井造船の度重なるコストダウン要請に関連企業が応えられてきた要因の一つでもある。こうした企業間の密接なコミュニケーションによるコスト削減は、先に述べた「関係的技能」に相当するものであるが、この技能の意義はこれからも失われることはないであろう。

以上のように、ある産業とその関連企業が近接して立地し、集積をなしている企業城下町は、すべてがマイナスの要因ではないのである。しかし、やはり現在いわれているように問題を含んでいることは確かである。言うまでもなく、その中心となる企業、産業が停滞し、規模を縮小せざるをえなくなった場合に問題が生じるのである。その場合には、関連企業は中心となる企業（玉野の場合は三井造船）への過度のつながりを弱め、地域外の企業とのつながりや、あるいは地域内の企業どうしのつながりを創り出してゆく必要がある。

しかし、これまで三井造船との取引を長年続けてきた関連企業群は、慣習として、行動の枠組みとして三井造船に依存する経営のやり方を確立してしまっているために、なかなかその枠組みを変えることがうまくいっていないのが現状であろう。その枠組みで長い間成功してきただけに、いっそうその枠組みは強固なものとなってしまったといえる。

ただ、これらのことをかなり以前から理解し、新たな取り組みを行ってきた企業の存在も指摘できる。詳細は他の章に譲るが、玉野の中小企業ネットワークであるＴ－ＮＥＴの試み、新事業に挑戦する協同組合マリノベーション玉野などがそれに相当する。個々の企業レベルでも多角化や新事業への挑戦、イノベーションへの取り組みがなされている。ここでは、特にイノベーションに焦点を当て、イノベーションを生み出す環境としての玉野を考えてみたい。

玉野市の企業が実際にどれだけイノベーションを生み出しているかを、特許の出願データを用いて検証してみたい。検索には、特許庁のインターネット上のデータベースである特許電子図書館を利用した。対象企業は、玉野市に本社を置く中小・中堅企業で、三井造船玉野事業所は除外した。ただし、三井造船の子会社は対象に含めた。期間は一九九三年から九九年の間に出願された特許を対象とする。なお、特許権の取得のプロセスには、出願と登録の二段階がある。まず、特許権の取得を目指す人や法人（出願者）が特許庁に書類を提出すると、所定の書式通りであるかどうかのチェックを受け、それを通過すればこれが一般に公開される。これが出願である。登録は、出願者が出願審査の請求を行った場合に、特許庁の審査官により発明がオリジナルで新規性のあるものか、高度なものかどうかなどを審査を受け、それをパスした後になされる。ここで初めて正式に特許権が与えられる。ここでは出願を対象とする。理由は、審査請求され登録されるものは数が少ないことと、また発明された時点から登録までのタイムラグが大きいためである。その検索の結果は表4—1に示される。

**表4—1　玉野市企業による特許出願（1994—98年）**

| 出願者名 | 出願件数 | 単独出願 |
|---|---|---|
| 日本特殊炉材㈱ | 12 | 5 |
| ナイカイ塩業㈱ | 6 | 4 |
| 三造メタル㈱ | 2 | 0 |
| ㈱タノムラ | 1 | 1 |
| ㈱三造試験センター | 1 | 1 |
| 宇野工業㈱ | 1 | 0 |
| 長尾鉄工㈱ | 1 | 0 |
| ㈱三矢鉄工所 | 1 | 0 |
| 備南開発㈱ | 1 | 0 |
| ㈱三造機械部品加工センター | 1 | 0 |

資料：特許庁特許電子図書館より検索・作成

最も出願件数が多いのは、三井造船とは関連のない日本特殊炉材株式会社という会社で、一二件の出願を行っている。うち五件が同社単独での出願で、残り七件は他社との共同出願である。同社は耐火物メーカーであり、耐火物は製鉄所の炉壁、セメント炉、都市ゴミ焼却炉に使用される。そのため、共同出願の相手は新日本製鉄や住友金属、日本鋼管などの鉄鋼メーカーや、煉瓦メーカーである。これらの所在地は東京、神奈川や大阪であり地域外の企業である。

二番目に件数の多い企業は、ナイカイ塩業という製塩関係の企業であり、これも三井造船とは関係がない。出願件数が六件で、うち四件が単独出願、二件が東京のプラントメーカーとの共同研究である。

造船関連の企業で挙げられるのは、三井造船の一〇〇%子会社である四つの会社である。まず、三造メタル株式会社は、三井造船の鋳鍛工品部門が分社化した子会社であるが、同社は二件の発明を出願している。内訳は、半導体装置関係の発明をNTTエレクトロニクステクノロジー株式会社（本社、東京都武蔵野市）とコマツ電子金属株式会社（本社、神奈川県平塚市）と共同で一件、ゴルフクラブヘッドを三井造船およびマグレガーゴルフジャパン株式会社（本社、東京都港区）と共同で一件の計二件である。造船以外の部門へ、地域も業種も異なる企業との共同研究によって進出をはかっている。

その他に、三井造船の一〇〇%子会社の出願した発明は、株式会社三造機械部品加工センター、株式会社三造試験センター、宇野工業株式会社がそれぞれ一件である。そのうち三造機械部品加工センターは東芝と共同でタービン用部品についての発明を出願しており、三造試験センターはガラス・金属混合廃棄物の分別回収装置についての発明で、これは単独出願である。宇野工業は元々は宇野地区で溶接をやっていた会社であるが、六六年三井造船の資本を入れて増資し、七二年に玉野工業団地に移転、三井造船玉野事業所の製缶部門の調達の拠点となっている有力企業である。同社は、三井造船と共同で溶接装置についての発明を出願している。

三井造船と資本関係を持たない企業では、株式会社タノムラ、株式会社三矢鉄工所、備南開発株式会社がそれぞれ一件出願している。タノムラは鉄工製品の機械加工メーカーであり、三井造船のディーゼルエンジン部品などを製造している企業である。同社は造船関連の仕事が停滞しているため、多角化を図っており、砂粒製造装置を単独出願で発明している。三矢鉄工所は造船関連とFA機械の製造の二本柱が主力の会社であり、船の減揺装置の特許を単独で出願している。備南開発は船舶や海洋構築物などの製造を行っている会社だが、大型貨物の揚げ卸し方法についての発明を三井造船と共同で出願している。

## 玉野企業のイノベーション

以上の特許データは期間も限定されており玉野のイノベーションをすべてとらえたというには十分ではないかもしれないが、その大まかな特徴を把握することができるように思われる。以下ではその特徴について検討してみたい。

玉野の企業のイノベーションには二つのパターンがあると考えられる。一つは、造船関連以外の部門について、地域外の企業とのパートナーシップを組むことによってイノベーションを行うケース。もう一つは、造船・船舶関連のイノベーションを三井造船と共同で行うケースである。

後者のパターンは、造船関連工業の集積地としての玉野が生み出したイノベーションといえる。こうしたイノベーションを生み出す力を現在の玉野は持っており、それは確かな強みであるといえよう。

しかし、企業城下町型の産業集積である玉野の限界と、これからの発展を考えるうえで、前者のパターンは参考になるのではないだろうか。現在の玉野の課題は、造船以外の分野にいかに進出するかという点にあることは、これまで常にいわれてきたことである。そのためには玉野の内部とのつながりだけでは限界があるのではないか。言い換えるなら、玉野の外へ（あるいは日本の外へ）目を向けることによってその可能性はより広がるのではないだろうか。その例が、上で取りあげた特許出願に表れていると思われる。

## 四　いくつかの「顔」をつなげる

玉野は山や丘陵と海に挟まれた狭い平地の上にあり、それが玉野の造船関連産業の立地を導いた。と同時に、地形がそれらの面的拡大を阻害することにもなった。山と海に囲まれた地形が、この地域の企業が総じて三井造船の方を向き、外へなかなか目が向かないことの要因の一つになった、という見方もできなくはない。

しかし、これだけ技術の進展した今日、地形によって人間の活動が左右される程度というのは小さくなっていることはいうまでもない。ＩＴ革命を挙げるまでもなく、玉野の企業が外とつながりを持つための条件はどんどん整備されている。現実に玉野においても、Ｔ―ＮＥＴなどの取り組みも始まっている。このように外へ向けた活動を積み重ねてゆき、玉野の企業が地域外とつながりを増やすことが、この地域のイノベーション能力を強化する一つの力になるのではないだろうか。このことは地域内のつながりを軽視するという意味ではない。地域の中小企業のネットワーク形成もイノベーション能力の形成の大きな力になる。

また、本章の冒頭に玉野市にはいくつかの「顔」があると述べた。一つ残念なことは、こうした顔がそれぞれバラバラにあり、お互いが関連を持っていないことである。玉野市の造船業に使用する資材などは神戸港などからトラックで輸送されるものがほとんどである。宇野港は大型コンテナ船が入港できないため、造船や機械金属産業には使用されていない。観光地としてのアメニティが、モノづくりの企業の誘致などに積極的に利用されてはいない。逆に、ポジティブに考えるならば、玉野市にはそれだけの個性とポテンシャルを持っているといえるのではないか。この地域のポテンシャルを発揮するためには、これらに関連を持たせ、有効に活用することも考えるべきではないだろうか。地域産業、港湾、観光資源、岡山とのアクセスの良さ、住宅地のアメニティ、これらの要素をつなげて有効に活用できないだろうか。

例えば、新産業の誘致や育成を考える場合、景観の良さを利用できないか、市内に散在する社宅を利用できないか。あるいは逆に、造船業を観光資源として活用してうまく観光客を呼べないだろうか。実現や成功が容易ではないことを承知のうえではあるが、何らかの可能性があるように思われる。

［付記］　本稿の作成には、平成一一・一二年度文部省科学研究費奨励A「企業間ネットワークと産業集積に関する地理学的研究」（代表者　水野真彦、課題番号11780070）の一部を使用した。

（1）本章全体の執筆に際し、日本地誌研究所『日本地誌　一七巻　岡山県・広島県・山口県』二宮書店、一九七八年、山口恵一郎ほか編『日本図誌体系　中国』朝倉書店、一九七五年、玉野商工会議所・財団法人岡山経済研究所『玉野地域工業活性化ビジョン策定事業調査報告書』玉野商工会議所、一九九六年、堂野智史「玉野の造船下請企業について　―特に取引諸関係に視点をあてて―」（『地域調査報告　第三号　地域と産業―玉野市特集号―』岡山大学文学部地理学教室、一九八五年）、を参考にした。

（2）関満博『地域経済と中小企業』筑摩書房、一九九五年、竹内淳彦『工業地域構造論』大明堂、一九七八年。

（3）本節についての詳細な議論や書誌的事項については、水野真彦「制度・慣習・進化と産業地理学―九〇年代の英語圏の地理学と隣接分野の動向から―」（『経済地理学年報』第四五巻二号、一九九九年）、を参照されたい。その他に、日本の産業集積についての議論を整理したものとして、小田宏信「グローバル化時代における日本の産業集積　―近年の研究展望を通じて―」（『経済地理学年報』第四五巻四号、一九九九年）、が参考になる。

（4）スコット、A・著、水岡不二雄監訳『メトロポリス』古今書院、一九九六年。

（5）Cooke, P. and Morgan, K., *The associational economy : firms, regions, and innovation*, Oxford university Press, 1998. Storper, M. *Regional World*, Guilford, 1997.

（6）浅沼萬里『日本の企業組織　革新的適応のメカニズム』東洋経済新報社、一九九七年、水野真彦「自動車産業の事例から見た企業間連関と近接」（『地理学評論』第七〇巻六号、一九九七年）、水野真彦「機械メーカーと部品サプライヤーの取引関係とその変化」（『人文地理』第四九巻六号、一九九七年）、藤川昇悟「現代資本主義における空間集積に関する一考察」（『経済地理学年報』第四五巻一号、一九九九年）。

# 第五章　玉野工業の立地分析

玉野市は、岡山県の南端、児島半島の基部に位置し、瀬戸内海に面した、風光明媚な地として知られる。気候にも恵まれ、雨が少なく冬も温暖で過ごし易い。東京からは約七六〇キロ、大阪からは約二一〇キロ、県庁所在都市である岡山市からは約二〇キロの距離にある。玉野市の市域は、東西約一六キロ、南北約一四キロ、面積は約一〇四平方キロである。北は岡山市、灘崎町、西は倉敷市と境界を接し、東と南は瀬戸内海に面している。海岸線の延長は約四四キロと長く、沿岸一帯に点在する屈曲した入江が、古くより天然の良港として利用され、臨海都市として栄えてきた。

一九九五年の国勢調査によると、玉野市の人口は七万一三三〇人であり、東児町と合併した七五年の七万八五一六人をピークに僅かずつ減少する傾向にある。戦後の高度経済成長に伴う臨海都市としての発展を背景に、七〇年代前半までは順調に人口が増加してきたものが、七三年のオイルショック以降、基幹産業である造船業の低迷により人口が減少し始め、造船業の状況が玉野の市勢全体に大きな影響を及ぼしていることがうかがわれる。

地形的には、市域の約六〇％が山地である。海岸部では山麓が海に迫り、複雑な海岸線を形成している。平野部は市域の約四〇％を占めるに留まり、しかもその大部分が農村地域である。このため、玉野の市街地や造船所をはじめとする工場群は、埋立造成により生み出された用地に立地するものが多い。

玉野市は、一八九二年の町村制の施行以来、それまで分散していた田井、宇野、玉、和田、日比、渋川の六つの村が複雑に合併を繰り返した後、一九四〇年に宇野町と日比町が合併、岡山県内四番目の市として誕生した。それ以前の一九〇九年には宇野港が修築され、一三年の宇野線の開通と宇高連絡船の就航により、本州と四国を結ぶ海上交通の要衝として繁栄する基礎が築かれた。また、産業においては、一九一二年に杉山製鋼所（現三井金属鉱山株式会社金属事業部日比製錬所）が、一七年に川村造船所（現三井造船株式会社玉野事業所）が立地して以来、重工業を中心とする製造業のまちとして発展してきた。特に、三井造船を頂点として形成された、いわゆる「大物」の加工組立に関連する企業が幅広く集積することが、玉野の工業の最大の特徴となっている。

しかし、八八年の瀬戸大橋の開通に伴う宇高連絡船の廃止によって交通体系が変化し、長い間玉野の繁栄の基礎となってきた港湾機能も、その再編を余儀なくされた。また、オイルショックに端を発する造船業の低迷は、これを中心として形成された玉野の産業・経済に大きな影を落としている。こうしたなか、玉野市は、ウォーターフロントの整備や観光・レクリエーションの振興など、風光明媚な海岸線や温暖な気候といった特性を活かした各種のプロジェクトを推進しつつある。その動きは、低迷する製造業に見切りをつけ、観光を新たな基幹産業として育てようとしているようにも見える。

そうした点に注目しつつ、本章では、玉野の位置的ポテンシャルが工業の集積、発展にどのような影響を与えてきたのか、苦境に立つ玉野工業にどのような影響、可能性を与えるのかを考えていく。最初に、苦境にあるとはいえ、玉野工業の中心である造船業を軸に、その特質や国際化の進展に視点をおいて、玉野工業の立地を分析してみたい。一方、度重なる造船不況により、玉野工業は「脱造船」への歩みを早めている。造船業の発展を通じて形成された「大物」を取り扱う玉野の機械金属工業が、「脱造船」という動きのなかで、どのような可能性を見出すことができるのか。ここでは、玉野の位置的ポテンシャルを評価しつつ、その発展方向を探っていくこととする。

## 一　造船業からみた玉野の立地ポテンシャル

玉野の工業の基幹を成すのは、依然として造船業とその関連産業である。平成一〇年の工業統計調査によると、造船業が含まれる輸送用機械器具製造業の事業所数は三三事業所、従業員数は三六〇三人、製造品出荷額等は一七一八億円である。事業所は玉野市全体の一六％を占めるにとどまるものの、従業員は約四三％、製造品出荷額等は約六〇％を占める。苦境にあるとはいえ、造船業は玉野工業において、絶対的な存在感を示している。また、造船業は裾野の広い産業であり、機械金属系の幅広い業種が関連産業に含まれる。そう考えると、存在感はさらに膨らむことになる。

玉野の工業の歴史は、一九一七年に現在の三井造船㈱玉野事業所の前身である川村造船所の立地とともに始まり、その盛衰と軌を一にしてきた。まずは、玉野工業の歴史そのものと言ってもよい造船業とその関連産業に視点を置き、玉野の位置的ポテンシャルを考えてみたい。

### (1)　造船業の特質と玉野の立地特性

造船業が生み出す製品は、言うまでもなく巨大な船舶である。それゆえ、他の製造業にはない特質を備え、造船業の立地には特殊な条件が求められる。そもそも、造船所は臨海部にしか立地できないというのが、最大の特質であろう。また、巨大な船舶が船台の上で組み上げられていく様は、製造業の現場というよりも、むしろ建設現場を思わせるスケールの大きさである。そのように組み上げられる船体ブロックや様々な部品類はいずれも大きく、重い。造船所の周辺に、そういった部品類を加工、組立する「大物」を扱う機械金属工業が集積することも造船業の特質の一つであろう。

こういった造船業の特質に、玉野はどうマッチし、対応してきたのかをみていくこととする。

## 三井造船玉野事業所の立地

三井造船は、一九一六年に三井物産㈱造船部としてスタートし、宇野に設置した仮工場を便宜上川村造船所と命名して操業を開始した。その二年後の一八年に現在地である玉地区に移転し、玉野事業所の歴史が始まった。以来、玉野事業所は、六二年に千葉工場が操業開始するまでは三井造船の唯一の造船所であり、現在も同社の主力事業所の一つとなっている。

三井造船（当時は三井物産造船部）が玉野に造船所を立地させた経緯、理由は、『三井造船株式会社75年史』にこうある。第一次世界大戦時に造船所の必要性を痛感した三井物産は、一六年に社内に造船部（現三井造船の前身）を設置し、造船所建設用地の選定調査にはいった。調査は大阪・門司間の瀬戸内海沿岸を対象として行われ、玉野一帯が適地として選定されたのである(1)。決め手となったのは、児島湾の水深の深さと、気象条件の良さ、特に晴天日数の多さであったと言われる。水深の深さを重要視したのは、将来的な大型船建造への対応を考えてのことであろう。また、晴天日数の多さを選定理由としたのは、造船業は建設現場に似ていると先に述べたとおり、屋外での作業が多く、気象条件が生産性を大きく左右するためであった。

### 玉野事業所の役割

三井造船の事業部門は、船舶・鉄構部門と機械・プラント部門に大別される。船舶・鉄構部門には商船、官公庁船の新造・修繕、橋梁などの鉄鋼構造物や海底油田掘削機器などの製造が、機械・プラント部門には舶用・陸用ディーゼル機関を中心にコンテナクレーン、メカトロ機器の製造が含まれ、事業分野は多岐にわたる。一九二六年に海外からの技術導入により、造船部門にディーゼル部門を加えて、二本の柱としてきたが、五七年からの造船不況への直面を契機に、陸上部門への積極的な多角化展開を図ってきた。

玉野事業所も、中型船や官公庁船を中心とする造船、ディーゼル機関の製造に加え、コンテナクレーンや各種プラント類など、船舶・鉄構と機械・プラントの両部門にわたる幅広い事業を担当する。現在の玉野事業所の売上高のうち、造船はおよそ三分の一を占めるにとどまっている。

三井造船は新造船に関して玉野事業所と千葉事業所の二カ所体制をとっているが、この二つの事業所の間には役割分担がある。千葉事業所は、六二年に操業を開始したが、その背景には急速に進む船舶の大型化があった。例えばタンカーは、六〇年代前半までは五万重量トンタイプが一般的であったものが、六〇年代後半には八万重量トン、七〇年頃には一五万から三〇万重量トン、さらに七三年頃には五〇万重量トンが出現するなど、急速に大型化していった。こうした船舶の大型化に対し、地形的な制約が大きい玉野事業所では船台を十分に拡張できなかったことが、千葉事業所設置のきっかけとなっている。

また、戦後、商船の配船が神戸港中心から横浜港中心に移行しつつあり、船主の需要に応えるには首都圏に修繕工場を設ける必要もあった。こうした経緯から、千葉事業所は千葉県市原市の総面積一六五ヘクタールという広大な敷地に設置された。船舶の大型化に対応してドックの拡張が繰り返された結果、世界最大級の五〇万重量トン級のドックを有している。これに対し、玉野事業所は船台二基を有するが、このうち一基は部品の組立作業場として利用されており、商船建造に用いるのは二号船台一基のみという状態である。こうした立地条件と建造設備の違いから、千葉事業所は超大型船の新造と修繕、玉野事業所は主に大型船・中型船と自衛艦・巡視船などの官公庁船の新造を担当している。このような役割分担のもとで、玉野事業所では比較的付加価値の高いクレーン付コンテナ船などを年間に十隻程度建造している。

## ディーゼル機関の一大生産拠点

玉野事業所は、舶用、陸用を含めたディーゼル機関の一大生産拠点でもある。ディーゼル機関は、一九二六年にデンマークのバーマイスター・アンド・ウェイン社（B&W社）から技術を導入し、二八年に第一号機を送り出した。以来、第二次世界大戦中の一時期を除いて、玉野事業所において製造が続けられており、単一工場として世界最大の累計生産を誇っている。また、年間の生産量においても、韓国の現代重工に次いで世界第二位につけている。商船の場合、船価の一〇%前後をディーゼル機関が占めると言われており、三井造船としても特に力を入れている部門である。

三井造船製の舶用ディーゼル機関は、自社が建造する船舶に搭載されるのはもちろん、他の造船メーカーへ外販されている。三菱重工業、日立造船、川崎重工業といった国内の大手造船メーカーは、三井造船と同様に舶用ディーゼル機関を内作しているので、外販の対象とはなりにくい。外販の主な対象は国内の専業造船メーカーであり、これらメーカーの建造船が搭載するディーゼル機関のおよそ半数は三井造船製である。三井造船が製造する舶用ディーゼル機関のうち、自社建造船への搭載は約二割に過ぎず、およそ六割はこれら専業造船メーカー向けであり、残りの二割は海外向けである。(2) また、発電プラント用を主とする陸用ディーゼル機関も製造しており、これらは国内はもとより、海外へも数多く輸出されている。

ディーゼル機関は巨大なものであり、超大型船用や発電プラント用では三階建てのビルに相当する程の大きさとなる。当然、陸上輸送は困難であり海上輸送される。海上輸送の場合も、納入先となる造船所のクレーンの能力に応じて一旦分解して運ばれ、納入先において船体に設置し、再度組立てられる。三井造船のディーゼル機関の主な外販先である造船専業メーカーの多くは、瀬戸内海沿岸に立地していることから、輸送の条件には恵まれている。

### 造船関連企業の集積

玉野には造船およびディーゼル機関製造に関連する企業が数多く集積し、三井造船を頂点とするピラミッド構造が形成されている。このうち、一次下請にあたる協力企業は三井造船玉野協力会、玉原鉄工業協同組合、玉野鉄工協議会、三井造船建設業請負組合の四団体に組織され、合計七〇社が加盟してい

写真５―１　三国工業㈱で組み立てられるディーゼル機関の巨大な架構

写真５―２　㈱宮原製作所におけるディーゼル機関部品の加工

る。
造船に関連しては、構内下請の形が多く、製缶、板金、溶接、配管、塗装、電気工事などを担っているほか、船体ブロックや各種の艤装品などの加工、組立が市内企業に外注されている。また、コンテナクレーンの製造においても、造船と同様に構内下請け、外注が利用されているようである。

下請・外注への発注量の過半を占めるのは、ディーゼル機関の製造に関するものである。エンジンの架構やピストン、バルブ、コンロッドなどの部品の加工、組立が外注されている。

ここではまず、ディーゼル機関の製造における協力企業の一社である三国工業株式会社をみてみる。同社は、一九一七年に創業しており、玉野事業所が操業を開始した当時から、構内下請けとして配管工事、鉄工工事に従事してきた歴史を持つ。現在も構内作業を請け負っているが、売上げのおよそ六割をディーゼル機関の架構や船体ブロック、コンテナクレーン構造物などの鉄鋼構造物、各種のパイプ類、産業機械の製造によっている。三国工業の特徴は「大物」の加工、組立にある。その最たるものがディーゼル機関の架構やコンテナクレーン構造物であり、高さ四・五メートル、重さ三〇トンという陸上トラック輸送の限界に迫る大きさである。同社は、玉原企業団地に鉄構工場を構えており、玉野事業所へは約三キロと近い。玉野事業所への近接性に優れているからこその事業展開といえる。また、同社は臨海部である日比地区に向日比工場を設けてもいる。陸上輸送が不可能な長尺ものの鉄鋼構造物や船体ブロックは、この向日比工場で製造し、海上輸送できる体制を整えている。

次に、同じくディーゼル機関製造の協力企業の一社である株式会社宮原製作所についてみてみる。同社は、ピストン、バルブ、コンロッド、カム軸などの舶用ディーゼル機関部品の加工、組立を主な業務としている。創業は一九二四年と古いが、ディーゼル機関部品に本格的に取り組み始めたのは、六一年に三井造船と発電機用ディーゼル機関の製造契約を締結して以降である。現在は、三井造船が三〇%を出資しており、また三井造船が外注する際の統括企業三社のうちの一社でもある。しかし、同社の売上げのうち三井造船の比率は六〇%程度である。残りの四〇%のうちの相当部分を、日立造船、ディーゼルユナイテッド、川崎重工業など、いわば三井造船のライバルであるディーゼル機関メーカーが占めている。三井造船との資本関係がありながらも、脱系列的な動きを展開できるあたりに、同社の技術力の高さがうかがわれる。また、船用ディーゼル機関だけに部品といえども非常に大きく、ピストンやコンロッドは長さが数メートルもある。「大物」部品であることから、輸送コストの負担が大きい。日立造船は有明(熊本県長洲町)とやや距離があるが、ディーゼルユナイテッドは相生、川崎重工業は神戸と、いずれも近接して立地していることが幸いしている。

### 玉原企業団地の造成

玉野は海岸線に山地が迫っており、平地が少ないという地形的な制約を持つ。このため、工場用地の確保が難しく、工業振興上の課題となっていた。三井造船玉野事業所においても、船台の拡張や大型海洋構造物建造用ドック「海洋」の整備が建造設備のスクラップアンドビルドにより行われ、また深井地区の埋立てによる用地の拡張などの努力が続けられてきた。しかし、急速に進む船舶の大型化に対応するには、用地の制約があまりに大きく、これが千葉事業所を設置するきっかけとなっている。

また、六〇年代に進められた三井造船の生産合理化により、構内下請企業などが玉野事業所の敷地外に転出した。しかし、地形的な制約から臨海部の平地に適当な工場用地がなかったことから、市街地とその周辺部に工場が点在する住工混在の問題が発生した。放置すれば、工場の無秩序な拡散はさらに進み、市街地内の環境の悪化とともに、周辺に拡がる丘陵・山地が虫食い的に開発されることが強く懸念された。この問題への対応を迫られた玉野市が進めたのが、玉原地区における玉原企業団地の整備である。玉野事業所の西約三キロの丘陵地を造成し、工場移転の受け皿となる企業団地を整備することが構想された。それ以前に、住宅団地と企業団地の開発が計画されていたという背景もあって、玉原地区が予定地となったようである。また、予定地の大半が市有地であったが、その予定地において大規模な山林火災が発生したために、焼失した山林の復旧対策として企業団地の整備が決定されたという経緯もある。

玉原企業団地は玉野市が事業者となって整備したものであり、開発面積約六〇ヘクタール、工場用地面積約三七ヘクタールという大規模なものである。六〇年代後半に、「企業立地実態調査」による市内企業の意向把握や三井造船協力会などへの説明を行って立地希望企業を確認した後に着工され、七一年三月に第一期（開発面積約三一ヘクタール、工場用地面積約二一ヘクタール）が、七二年三月には第二期（開発面積約二九ヘクタール、工場用地面積約一六ヘクタール）が完成した。

現在、玉原企業団地にはおよそ九〇社が立地している。開発の経緯から造船関連の企業が多く、三井造船玉野協力会の加盟企業が七社、玉野鉄工協議会の加盟企業も一社が立地している。前記の三国工業、宮原製作所ともに、玉原企業団地に工場を構えている。また、玉原鉄工業協同組合は組合事務所を企業団地内に設置しており、二八社が立地している。まさに、造船関連企業の一大集積拠点となっているのである。工場の操業に相応しい環境の確保が図られたことに加え、造船関連企業が一つの団地内に集積

写真５—３　玉原工業団地

することによる連携のメリットも大きいと考えられる。

また、三井造船の玉原技術センター、三井造船システム技研㈱も第二期用地に立地している。玉原技術センターに含まれる機械制御技術開発センターは、玉野事業所の技術力向上の推進力となってきた玉野研究所が組織改編されたものである。前身である玉野研究所は、七五年に事業所の構内から玉原企業団地に移転した。玉原技術センターでは、基礎研究に加え、特機システムや環境・エネルギーエンジニアリングなどの新規事業に関わる研究開発を行われており、玉原企業団地は三井造船のR&Dの拠点ともなっている。

## (2)　造船業の国際化と玉野

造船業は国際化の進展が著しい産業でもある。(3) すでに世界中が単一市場化しており、船主は世界中から最適の造船メーカーを選んで発注する。日本はかつて、他の追随を許さない世界一の造船王国であったが、八〇年代に急成長した韓国が肩を並べるようになってきている。さらに、中国も急速に力をつけつつある。まさに、東アジアが世界の造船センターとなってきているのである。これら三国の造船メーカーや関連産業の間では、競争とともに連携もみられるようになってきた。こういった造船業の国際化の進展を踏まえ、玉野工業の歩んでいく道について考えてみたい。

## 造船業における国際競争

商船の建造における国際競争は、日本と韓国がトップを激しく争い、衰退ぎみとはいえヨーロッパ諸国が三番手を維持し、その後ろから中国が急追しつつあるという状況にある。造船業の国際競争は東アジア諸国を軸に展開されているといってよい。

かつて品質、納期に優れる日本に対し、韓国は低コストを武器に挑んできた。日本は生産性の向上によるコスト削減を実現し、一旦は価格競争力でも韓国を逆転したものの、ウォン安を背景とする韓国メーカーの攻勢により、九九年の新造船受注量では韓国に首位を奪われている。この両国に、さらに低コストで挑むのが中国である。現状では、品質、納期にやや問題は残すものの、船価の低さは大きな魅力となっている。近い将来、造船業の国際競争は日本、韓国に中国を加えた東アジアの三国で争われるようになると予測されている。

このような激しい国際競争に、玉野事業所は次のように対応をしてきた。まず、構内における作業工程の自動化、下請・外注の合理化を進め、生産性の向上とコストの削減に努めてきた。また、韓国メーカーなどとのバッティングを避けるため、自動化船やクレーン付コンテナ船など、技術力を要求され付加価値の高い船種にターゲットを絞り込んでもいる。さらに、造船部門の後退をある程度折り込み、事業の多角化を推進してきた。特に、競争力のあるディーゼル機関のシェア拡大に力を注いできた。しかし、ディーゼル機関においてもコスト削減要求は厳しく、二〇〇〇年には統括企業制による下請・外注企業の絞り込みや外注コストの二〇%削減要請を行っている。この下請・外注企業の絞り込みと外注コスト削減要請が、造船関連企業により形成される地域の産業・経済に及ぼす影響は大きい。仕事量が確保できず苦境に追い込まれる地域企業の発生が懸念される一方で、地域の企業の三井造船離れ、「脱造船」の動きを加速する役割を果たしそうである。

## 世界の造船センター

東アジアの主要な造船所をプロットしたのが図5―1である。日本の瀬戸内と九州、韓国の南岸、中国の大連と上海に造船所が集中している様子がわかる。瀬戸内と大連、上海を結ぶトライアングルは、世界の船舶の七〇%を建造する「世界の造船センター」となっている(4)。

玉野はこのトライアングルの中に位置する。このトライアングル内にある造船メーカーは激しい競争を展開する一方で連携の動きも強めつつある。国際的な競争力を高めるため、国内の造船メーカーは開発、設計、資材購入などの共同化を中心とする提携を進めており、将来的には造船業界全体が再編されそうな気配である。また、連携の動きは国内だけにとどまらず、海外の造船メーカーと提携し、コスト削減に向けて、部品はもちろん、船体ブロックや船橋をも国際調達する動きがみられる。船体ブロックの場合、形状が複雑で工作の難しい船首や船尾は自社で生産し、比較的工作の簡単な中間部分をアジア

図５—１　「世界の造船センター」東アジアの造船トライアングル

資料：佐藤明「世界の造船メーカー：国際競争力の分析」『財界観測』1997年12月をもとに作成

諸国のメーカーから購入するのが一般的なようである。

三井造船も石川島播磨重工業、川崎重工業と造船事業の統合に向けての提携交渉を行っていることが、二〇〇〇年五月に発表された。実現すれば、三菱重工業を上回る国内最大の造船メーカーが誕生することとなる。石川島播磨重工業の主力造船所は呉、川崎重工業は坂出と、三井造船玉野事業所を含め、いずれも瀬戸内海沿岸にあることから、資材や部品の共同購入が本格化する一方で、造船事業の統廃合や重複事業の整理などのリストラクチャリングが進むであろう。造船メーカーの統合は、地域企業にとっては両刃の剣となる。合理化により構内下請や外注利用の削減が予想される反面、技術力や価格競争力のある地域企業にとっては、三井造船以外に石川島播磨重工業、川崎重工業と受発注関係を形成するチャンスとなる。地域企業の実力が試されることとなろう。

また、海外の造船メーカーとの連携では、三井造船も中国・上海のフートン造船などと技術提携しており、部品の購入などを既に始めている。船橋等も購入したい意向を持っているものの、船台のクレーン能力などの制約から、今のところ実現していない。しかし、今後、三井造船でもフートン造船をはじめとする海外メーカーからの部品調達などが活発化するのは予想に難くない。海外からの部品調達の拡大により、下請・外注の合理化がさらに進み、地域企業をさらに苦境に追い込むと同時に、より一層「脱造船」へと向かわせる可能性も高い。

## 二　「脱造船」に動く玉野の立地ポテンシャル

造船業が斜陽産業、構造的不況業種と呼ばれ出して久しい。日本の造船業は、韓国とトップの座を争う実力を維持しているものの、国際競争の激化により縮小均衡を余儀なくされている。もちろん玉野事業所も例外ではなく、造船不況のたびに設備削減、生産合理化を繰り返してきた。玉野事業所には、最盛期に五基の船台があったが、現在は実質的に一基にまで減っている。造船業の衰退は、三井造船の多角化を促したばかりでなく、玉野に集積した造船関連企業を「脱造船」へと導いてきた。さらに、二〇〇〇年に始められた下請・外注企業の絞り込みと外注コストの削減は、この動きをさらに加速するものと考えられる。

玉野工業の特徴である「大物」を取り扱う機械金属工業が、「脱造船」に向かうの動きのなかで、どのような発展可能性を見出すことができるのかをみていきたい。

## (1) 玉野の位置的ポテンシャルの評価

三井造船を頂点とする造船業のピラミッド構造のなかにいる限り、造船関連企業にとって玉野の位置的ポテンシャルはあまり問題とならなかった。しかし、「脱造船」の動きのなかで三井造船の系列を離れ、個々の企業として新たな事業展開を考えていく上では、玉野の位置的ポテンシャルが重要な要素となる。ここでは、交通基盤の整備状況や周辺都市との位置関係といった視点から、玉野の立地ポテンシャルを整理しておく。

玉野は宇野港の整備、宇野線の開通と宇高連絡船の就航により、明治期より海上交通の要衝として発展してきた。しかし、一九八八年の瀬戸大橋の開通により道路、鉄道ともに幹線交通からはずれてしまった感が強い。

北側に隣接する岡山市とは国道三〇号により、倉敷市とは国道四三〇号により結ばれ、岡山へは約四〇分、倉敷へは約一時間を要する。また、宇野港と高松の間にはフェリーが運行されており、約一時間で結んでいる。ここで重要なのは、隣接する岡山、倉敷が、ともに有力な工業都市である点であろう。「脱造船」の動きのなかでは、まず岡山、倉敷に立地する企業との間に、近接性を活かしたネットワークを形成するのが第一であると考えられる。

一方、広域高速交通体系にはまったく組み込まれておらず、利便性が高いとはいいにくい。新幹線の最寄り駅は山陽新幹線の岡山駅、高速道路の最寄りのインターチェンジは瀬戸中央自動車道の児島インターチェンジであり、いずれも約四〇分程度を要する。岡山空港へは約三〇キロとやや距離があり、約一時間三〇分を要する。車利用では、東京に約九時間、大阪に約三時間、広島に約二時間半を要する。岡山、倉敷を超える広域展開という意味では、大阪・広島間の瀬戸内沿岸と対岸の四国・高松周辺を対象とするのが妥当であろう。

## (2) 「脱造船」に動く地域企業

玉野工業の特徴は、造船業を通して培われた「大物」を扱う機械金属工業が分厚く集積している点にある。一九九五年に、玉野商工会議所が市内企業を対象に実施したアンケート調査でも、玉野工業が誇ることができる生産機能として、大型機械部品・構造物の切削・孔明け加工や組立・据付、製缶、溶断、特殊溶接、パイプ加工、非破壊検査、エンジニアリング設計などがあげられている(5)。近年、地域工業の技術集積の主流は、電子・情報機器産業の隆盛に先導された「軽薄短小」化であることが多いが、この流れにまったく逆行するものである。しかし、まったく逆行することが持つ意義は非常に大きい。全国的にみても貴重な工業集積であると評価できるからである。ある意味貴重な存在である玉野工業の発展可能性を、既に「脱造船」へと動き始めている地域の造船関連企業の例をみながら探っていきたい。

### 事業多角化に挑む長尾鉄工株式会社の取り組み

長尾鉄工株式会社の創業は一九一九年であり、当初は鋳物工場として船舶に取り付けられる滑車などを製造していた。その後、鍛造、機械加工に進出し、三井造船のディーゼル機関部品を手掛けるようになり、技術、経営の両面における基盤を確立したのである。

しかし、同社の事業多角化に対する意欲は相当早くからあり、様々な分野を積極的に模索してきたようである。現在は、舶用ディーゼル機関の部品が四割、工作機械のオートツールチェンジャーが二割、自動車生産ライン用治具が一割、その他が三割となっている。売上高に占める三井造船の比率はおよそ三割である。三井造船向けには、ディーゼル機関の分解用工具のみを取り扱っており、ディーゼル機関のピストン、バルブなどの加工、組立は川崎重工業向けである。また、分解用工具は特殊なことから、外注企業絞り込みのために導入された統括企業制度には含まれていない。「脱造船」と同時に三井造船離れも実現しつつあり、他の企業が対三井造船の対応に苦慮しているなか、自立性の高さが目立つ。

同社は、事業多角化を模索するなかで、水島に立地する三菱自動車向けにプレス金型の製造を手掛けたことがある。三菱自動車が内製化したためプレス金型からは撤退を余儀なくされたが、この時に培っ

写真５—４　「超大物」加工が可能なライジアルボール盤を備える
㈱タノムラ

写真５—５　玉野の特徴的な機能のひとつであるパイプ加工
（三国工業㈱）

た取引関係を活かして自動車生産ライン用治具に進出したのである。このような、まず近場にねらいを定め、自社の技術蓄積を活かして積極果敢に食い込みを図る姿勢こそが、「脱造船」を果たす上で最も重要であることを同社の取り組みは教えてくれている。

## 「大物」の機械加工センターを目指す株式会社タノムラ

株式会社タノムラは一九三六年の創業であり、主に三井造船のディーゼル機関部品の加工、組立を業務としてきた。現在も同社の売上高の約八五%を三井造船が占めている。

同社の特徴は、ディーゼル機関部品の製造を通じて蓄積された、一〇トン程度までの機械部品の製缶、溶接、組立に対応できる技術、設備を有していることであり、この特徴を前面に押し出して新たな顧客の開拓を積極的に行っている。同社のパンフレットには、保有する「大物」加工のための機械設備が網羅されており、「大物」の機械加工センターを志向する同社の姿勢をアピールするユニークなものである。すでに成果が出始めており、変圧器の冷却装置部品や海水分解装置の架台などを手掛けている。取引先は岡山県内、相生、広島といった範囲であり、やはり「大物」ゆえの輸送コストの問題が大きいようである。また、「大物」部品は据付や手直しへの対応が不可欠ということもあり、社員が駆け付けることが出来る範囲が望ましいということで、あまり広域への展開は難しいようである。

同社は三井造船が導入した外注の統括企業制度の対象となっており、従来の直接発注に比較し、やや意思の疎通を欠く面も見られるようである。こういった状況の変化が、同社の「脱造船」をより一層加速することが予想される。

## 三　玉野工業の明日を考える

最後に玉野工業の今後について考えてみたい。三井造船の石川島播磨重工業、川崎重工業との造船事業の統合の問題もあり、玉野の造船業の将来は流動的である。また、三井造船に限らず造船業全体の縮小均衡傾向はある段階まで今後も継続するであろう。そうなると、地域企業の「脱造船」の動きはますます活発化するものと予測される。他方、将来がいかに流動的であろうと、玉野工業における造船業（ディーゼル機関製造を含む）の存在の大きさが、一朝一夕には無くなるとは考えにくい。当面、造船業のソフトランディングと「脱造船」への動きを両にらみしつつ推移するものと考えられる。

これまで本章では、造船と「脱造船」という二つの視点から、玉野工業の立地分析を進めてきた。ここでは、周辺都市・地域とのリンケージの形成と「臨海工業都市・玉野」という二つの視点から、発展方向を考えてみたい。

### 地域・都市間リンケージの形成

玉野に隣接する倉敷は、市内に水島コンビナートを有しており、自動車、鉄鋼、石油化学などの大工場が立地、製造品出荷額等が三兆円規模という日本有数の工業都市である。また、岡山市には、電気機械、一般機械などを中心とした工業集積がみられ、製造品出荷額等は約九千億円と規模が大きい。また、テクノサポート岡山などの立地により、岡山県における先端技術の研究開発の中心となってもいる。

料金受取人払

新宿北局承認

3294

差出有効期限
平成14年4月
9日まで

有効期限が
切れましたら
切手をはって
お出し下さい

169-8790

165

東京都新宿区
西早稲田三—一六—二八

株式会社

新評論

読者アンケート係行

読者アンケートハガキ

| お名前 | SBC会員番号 L 番 | 年齢 |
|---|---|---|
| ご住所 (〒 ) TEL | | |
| ご職業（または学校・学年、できるだけくわしくお書き下さい） E-mail | | |
| 所属グループ・団体名 連絡先 | | |
| 本書をお買い求めの書店名 市区 郡町 書店 | ■新刊案内のご希望 □ある □ない ■図書目録のご希望 □ある □ない | |

●このたびは新評論の出版物をお買上げ頂き、ありがとうございました。今後の編集の参考にするために、以下の設問にお答えいただければ幸いです。ご協力を宜しくお願い致します。

本のタイトル

●この本を何でお知りになりましたか

1.新聞の広告で・新聞名（　　　　　　　）2.雑誌の広告で・雑誌名（　　　　　　　）3.書店で実物を見て
4.人（　　　　　　　）にすすめられて　5.雑誌、新聞の紹介記事で（その雑誌、新聞名　　　　　　　）　6.単行本の折込みチラシ（近刊案内『新評論』で）7.その他（　　　　　　　）

●お買い求めの動機をお聞かせ下さい

1.著者に関心がある　2.作品のジャンルに興味がある　3.装丁が良かったので　4.タイトルが良かったので　5.その他（　　　　　　　）

●この本をお読みになったご意見・ご感想、小社の出版物に対するご意見があればお聞かせ下さい（小社、PR誌「新評論」に掲載させて頂く場合もございます。予めご了承下さい）

●書店にはひと月にどのくらい行かれますか

（　　　）回くらい　　書店名（　　　　　　　）

購入申込書（小社刊行物のご注文にご利用下さい。その際書店名を必ずご記入下さい）

| 書名 | 冊 | 書名 | 冊 |
|---|---|---|---|

ご指定の書店名

| 書店名 | 都道<br>府県 | 市区<br>郡町 |
|---|---|---|

玉野は倉敷・水島に近い工業機能を有する。先に示した長尾鉄工の三菱自動車向けの自動車生産ライン用治具などは、両市工業のこれからの連携のあり方を示唆する良い例であろう。他方、造船業を支えてきた機械金属系の多様な加工組立機能の集積という点からは、岡山の中小企業を中心とする集積とも接点が見出せる。このように、「大物」の機械金属工業という特質により、倉敷・水島と岡山をつなぐ接着剤の役割を玉野が果たし、三市による工業機能の地域・都市間リンケージを形成することができると興味深い。例えば、倉敷・水島で使われる生産装置の機械部分を玉野が、制御機器部分を岡山が担当するという連携が考えられるのではないか。三市での連携を梃子に、この都市・地域間リンケージが兵庫県、広島県の瀬戸内沿岸都市や、瀬戸大橋で結ばれる対岸の四国の工業へと、さらに拡大していくことが期待される。また、この地域・都市間リンケージの形成が、玉野の「脱造船」を加速し、工業の足腰を強くすることとなろう。

また、地域・都市間リンケージの形成に並行して、あるいはできるだけ先駆けて、玉野市内の企業間リンケージの形成を進める必要もあろう。従来の三井造船を頂点とするピラミッド型構造から、玉野の企業がそれぞれ得意分野を持ちよって連携するウエブ型構造へと転換を図る必要があろう。T—NETや協同組合マリノベーション玉野の活動が一つの動きであろうが、こういったグループがいくつも現れ、共同受注ができる体制を本格的に整えていくことが求められる。

## 「臨海工業都市・玉野」としての再出発

最後に、玉野工業の出発点でもあり、玉野の特色でもある「臨海工業都市」という点にふれたい。近年、玉野に限らず臨海部の工業都市はいずれも、低迷ぎみという印象が強い。わが国の工業の中心が、造船、鉄鋼、石油化学などの重厚長大型から、電気・電子・情報といった軽薄短小型へと移った結果でもある。時代の流れは確かにそうであるが、「臨海工業都市」の役割が、決して終わったわけではない。海に面し、整備された港があり、世界と繋がっているということの利点を、より積極的に追求していく必要があるのではないか。

現在、玉野では宇野港港湾計画が進められており、既に田井地区が国際貿易に対応した物流拠点となるべく整備を終えている。田井地区には公共ふ頭、二棟の県営上屋などが整備され、民間の倉庫なども多数立地し、世界への門戸が開かれつつある。先に示した宮原製作所では、中国や韓国から鋳造品を調達し、水島港から陸揚げするといった動きもみられる。今後、韓国、中国、あるいは台湾といったアジア諸国との連携をより積極的に考えていく必要があろう。また、こういった国際的な連携を現実のものとしていけるよう、アジア諸国と宇野港を結ぶ定期貨物航路の構築なども必要となろう。

明治期、玉野は「臨海工業都市」としてその発展の礎を築いたのである。造船業の低迷が続き、「脱造船」への動きが活発化する今日、一度原点に立ちかえって明日を考えてみる必要があると思う。

（1）三井造船および玉野事業所の沿革等は、三井造船株式会社年史編纂委員会『三井造船株式会社75年史』三井造船㈱、一九九三年、を参考とした。
（2）玉野商工会議所『玉野地域工業活性化ビジョン策定事業調査報告書』一九九六年三月。
（3）造船業の国際化については、佐藤明「世界の造船メーカー・国際競争力の分析」（『財界観測』一九九七年一二月）を参考とした。
（4）前掲論文に詳しい。
（5）玉野商工会議所、前掲書。

# 第六章　企業城下町の生産体制と技術構造

玉野地域の機械金属工業は、三井造船を頂点とする垂直統合型生産構造に特徴がある。だが、同じ型の製品を何万台も見込み生産する自動車産業のそれとは著しく異なる。造船は注文生産のために一船ごとに仕様が異なり、標準化は極めて困難である。しかも現場工事の比重が極めて高い。船台工事は天候などの自然条件に左右され、危険を伴う高所、高圧の作業も少なくない。

こうした造船業の特殊性が、下請中小企業の性格を特異なものにしている。中でも、造船所構内で労務を提供する中小企業の存在は、造船業の際立った特徴といえるだろう。構内で作業をする下請中小企業は、構内下請、社外企業、構内協力企業などと呼ばれ、船体ブロックの組立や配管工事、塗装などの作業に従事している。いわゆる労務提供型の企業であり、そうした企業に雇用されながら、構内で働く労働者が、社外工(1)である。最近は、協力工といわれることも多い。

構内下請とともに造船業を支えるもう一つの下請中小企業は、加工外注と呼ばれる。加工外注は、自社工場を持ち、船体ブロックや艤装品（家具、電装金物、タンク、ガス管など）などを手がけている。構内下請と加工外注では、作業場所や業種などに違いはあるが、造船所から図面を支給され、個別仕様の部材を加工して供給する点では共通している。

大都市周辺型の中小企業が、専門加工技術を武器に、多数の企業と取引をしているのに対し、構内下請、加工外注ともに、元請である造船所に全面依存して発展してきた。それゆえに、いざ脱造船を図るといっても、特定造船所でしか通用しない生産設備や生産技術を抱え、営業力や製品開発力にも乏しいという問題に直面するのである。第六章では、船舶とディーゼルエンジンに焦点をあてながら、それらの生産活動に携わってきた下請中小企業の実態を、労働力や技術力の側面から見ていくことにしたい。

## 一　下請協力企業の変遷

### 協力会の概要

三井造船玉野事業所の下請協力企業は二〇〇〇年七月現在八四社あり、三井造船玉野協力会、玉原鉄工業協同組合、玉野鉄工協議会、三井造船建設業請負組合のいずれかに加入している。最大組織である三井造船玉野協力会には、構内下請五二社が参加する。前身は、構内下請二六社が一九五五年に設立した三井造船請負協同組合で、同組合はその後、協同組合三井造船協力会と名称を変更した。この協同組合三井造船協力会に、三井造船と新たに取引を始めた構内下請らを加えて七四年に結成したのが、三井造船玉野協力会である。

三井造船玉野協力会は、玉野事業所構内の協力会館内に事務所を置き、メンバーは月二万円の会費を支払う。かつては、下請価格などをめぐる三井造船との団体交渉窓口であったが、現在は、三井造船による安全教育や技術講習などの受け皿として機能するにとどまり、親睦団体的な色合いが強い。なお、協同組合三井造船協力会は、協同組合マリノベーション玉野（九七年に名称変更）として存続している。

玉原鉄工業協同組合は、玉原企業団地内の企業が七一年に結成したもので、組合員数三一社のうち、一三社が三井造船の下請協力企業となっている。構内下請でスタートした企業が、六五年ごろから造船所の構外に工場を建設する動きを見せ始め、玉野市が玉原企業団地の造成を開始すると、同団地に進出する企業が相次いだ。第三節で取り上げる山陽鋳機工業、三国工業は、三井造船玉野協力会と玉原鉄工業協同組合のいずれにも入っており、生産設備を保有しない構内下請から脱皮し、玉原企業団地に自社工場を建設した企業群である。

玉野鉄工協議会には、ディーゼルエンジン関連部品などの機械加工を手がける加工外注企業一八社が加入する。三井造船建設業請負組合は、土木、建設、運輸などの作業を行う九社で結成している。

以上が玉野地域の下請協力企業が所属する組織の概要である。玉野事業所は、域外の企業とも取引をしているが、仕事はこうした地元下請協力企業に優先的に発注されてきた。

### 下請協力企業の特徴

表6―1によると、玉野市内にある下請協力企業数は七四年八八社、七八年八〇社、八八年八三社、九八年八四社と、大きな変動はない。さらに、二〇〇〇年七月現在の下請協力企業名簿の八四社を、七四年時点の市内企業を掲載した『商工名鑑たまの』（一九七四年、玉野市・商工会議所発行）と付き合わせた結果、少なくとも六〇社は同一企業であることが確認できた。数度の造船不況を、七〇％以上の企業が乗り越えてきたことがわかる。さらに、六〇社の創業年次を調べてみると、戦前から戦中にかけて創業された企業が一二社あり、玉野事業所とともに歩んできた企業が少なくないのである。

反面、七四年以降に名を連ねた企業では、三井造船の関連企業が目を引く。三井造船の関連企業は、造船不況時に分社化されたものが多く、三造試験センター（七九年設立）、三造メタル（元機械工場の鋳鋼部門、八六年設立）、三造エムテック（元造船工場のパイプ工場と板金工場、八六年）、それに三造機械部品加工センター（元玉野機械工場、産機工場及び大阪機械部の一部、八六年設立）などである。

これらの結果、下請協力企業八四社のうち、三井造船の出資比率が五〇％を超える子会社が一割を超えている。

これらのことから、三井造船が地元企業との長期安定的関係を重視し、幾度もの造船不況をともに乗り越えてきたことがうかがえる。と同時に、この二〇年余りの間に、三井造船の関連会社が急増し、下請協力企業として主要な役割を担うようになってきたことにも留意する必要があろう。一口に下請協力企業といっても、三井造船や玉野地域との距離感には幅がある。以下では、玉野地域で発祥した地場資本の企業を中心に言及する。

表6—1　三井造船玉野事業所関連企業の企業数と従業員数の推移

| 区分 | 1974 | 1976 | 1978 | 1988 | 1992 | 1998 |
|---|---|---|---|---|---|---|
| 企業数 | 88 | 84 | 80 | 83 | 85 | 84 |
| 従業員数 | 6,940 | 5,850 | 4,250 | 3,182 | 3,553 | 4,071 |

資料：玉野市役所提供

## 二　垂直統合型生産構造

冒頭で述べたように、造船業の下請中小企業は、構内で作業もしくは工事を行う構内下請と、自社工場で作業をする加工外注に大別できる。ここでは、三井造船が直接雇用する本工と、構内企業に雇用されている協力工に焦点をあてるとともに、三井造船とそれを取り巻く構内下請、加工外注の関係を検討する。

## (1) 本工と協力工

造船所が直接雇用する本工に対して、造船所以外の企業に雇用されながら、構内で働いている労働者は、社外工、あるいは協力工と呼ばれてきた。協力工の作業は、清掃、運搬といった補助的なものから、塗装、足場、配線のような専門工事、さらに本工と同じ溶接、組立作業まで多岐に及んでいる。解雇や労災といった労務管理の諸問題はすべて構内下請が担っているため、造船所にとっては、本工よりも安価な労働力ということになる。

玉野事業所の本工と協力工の関係を調べてみると、二つの傾向が認められる。第一は、日本の造船業界の潮流となっている協力工への依存が、玉野でも進んでいることである。表6―2を見ると、七六年当時は、三井造船の技能職が五四八六人、構内下請の従業員が三八五三人で、三井造船の技能職のほうが構内下請の従業員よりも多い。だが、二〇〇〇年では、構内下請の従業員数が三井造船の技能職を大きく上回り、その比率は約二対一となっている。構内下請の従業員には管理職や構内以外で仕事をしている従業員も含まれるため、協力工そのものを捉えた数字ではないが、傾向はつかめるだろう。玉野事業所は、七六年から八九年まで（八一年と八三年を除く）、新規採用を中止していたために、中堅クラスの本工が決定的に不足している。協力工には、固定費となる本工の労務費を軽減し、需要変動に対する調整力を高めるという利点が認められるが、現時点では即戦力の確保という面も強い。

第二は、第一点目とも密接に関係するが、協力工は補助要員という色合いが薄れ、生産現場の主要労

表6—2　三井造船技能職数と構内協力会社従業員数の比較

| 区分 | 玉野事業所技能職数 (A) | 構内協力会社従業員数 (B) | 構内協力会社依存率 (B/(A+B)) |
|---|---|---|---|
| 1976 | 5,486 | 3,853 | 41.3% |
| 1984 | 3,819 | 2,641 | 40.9% |
| 1992 | 1,479 | 2,103 | 58.7% |
| 1997 | 1,101 | 2,203 | 66.7% |
| 2000 | 961 | 1,916 | 66.6% |

資料：三井造船へのヒヤリングによる

働力となってきたことである。艦船はまだ本工が中心であるが、一般商船では、社外工の役割が増大した。ブロック組立などの場合、社外工は従来、本工の指揮下で作業をしていたが、いまや構内下請が工程や作業を一括して請け負うケースが主流となっている。社外工だけで完遂する作業が増えているのである。

さらに、本工、協力工に共通する深刻な問題として、構内で働く労働者の高齢化がある。三井造船の技能職の平均年齢は四四・八歳（全社ベース、九九年度有価証券報告書より）にも達する。協力工も同様に高齢化しており、低賃金労働力に依存する生産体制は、労働者の高齢化や人手不足という内部要因によって大きく揺さぶられている。

## (2)　下請け協力企業の特色

三井造船玉野事業所の下請協力企業には、構内下請と加工外注を兼営しているところが少なくない。歴史的には構内下請から始め、加工外注にシフトしたうえで、三井造船以外の取引先を拡大していくというパターンと当初から加工外注でスタートとしたパターンが大きな流れとなっている。

## 構内下請

玉野事業所の構内下請には、造船だけでなく、ディーゼルエンジン、クレーン、プラントなどの部門からも機械加工や組立の作業が発注される。構内下請に出される作業としては、設計・製図、溶接、組立、足場、塗装、運搬、配管、船内の居住区内装などがあり、基本的には、先にあげた三井造船玉野協力会の五二社がこの構内下請に相当する。

個別企業に目を転じれば、組立と足場といった複数業種を担う企業が多く、三井造船の千葉事業所や大分事業所、あるいは三井造船以外の造船所構内で事業を展開している企業も目立つ。さらに、構外に自社工場を持ち、事業の主軸を加工外注や新規事業にシフトしている企業もある。玉野事業所構内だけで事業をしている企業はかなり少ないとみてよい。

構内下請と三井造船の取引形態としては、「貸付」と「請負」に大別される。「貸付」では、三井造船から要請された職種の労働者を頭数そろえ、指定された作業所に送り込む。いわば、三井造船が構内下請から人を借り受ける形をとる。その場合の価格は、時間単価で、足場、溶接、塗装などの職種ごとに決まっている。

「請負」は、一定の作業もしくは工事を構内下請が一括して請け、ある程度自社の裁量で作業を行う。工事毎に、三井造船から見積もり照会があり、それに応じる形をとるが、実際には流れてくる仕事をこなすことが優先される。請負価格は、受注工事量（塗装面積や溶接長）を作業時間に換算した予算時数と、時間単価を乗じた金額がベースとなっている。予算時数は、過去の実績がベースにされ、時間単価は、三井造船と構内下請の間で協定している。請負といっても、下請けが請負価格を自由に設定して、仕事を勝ち取るという競争原理は働いていない。ただ、最近は、必ずしも構内で行う必要がない船体ブロックなどを中心に、構外の企業に見積もりを出させ、通常の意味での請負をさせるケースが増えてきた。

とはいうものの、構内下請は三井造船にとって必要不可欠な存在である。三井造船は、構内下請を媒体として安価で柔軟性の高い労働力を自らのものとしてフル活用し、韓国メーカーとの低価格競争に対応しているともいえるだろう。構内下請の廃業や倒産は、生産スケジュールを狂わし、納期や単価に多大な影響を及ぼしかねないだけに、三井造船は、各社の労働者数や収益状況などに応じて、バランスよく仕事を割り振っている。塗装業者が二社あれば、船体の左舷作業はA社で、右舷作業はB社といった具合である。

三井造船が受注残を抱えているかぎり、構内下請は仕事に困ることはないが、採算は厳しい。元請は、工事の進捗状況や作業実績などを一元管理しており、一括発注といっても、構内下請の作業状況を手中におさめている。構内下請が、企業努力で作業効率を高めても、それが実績となって次回以降の予算時数が引き下げられかねない構造になっているのである。

さらに、構内下請は、需要の減退期に、調整弁として利用される。このため、構内下請の多くは、自らも二次下請を抱え、その負担を軽減する重層構造を作り上げている。このほか、繁忙期の労働力として、スポット工、スポット業者とよばれる存在がある。スポット工は、三井造船の依頼により、構内下請が人数を確保して、作業現場に送り込む。二次下請やスポット工については、第三節で改めて触れる。

## 加工外注

加工外注とは、造船所の指示に従って自社工場で製造加工を行う業者である。船舶では、船殻ブロックや艤装品のほとんどが外注されている。もっとも、玉野事業所は、ディーゼルエンジンを製造販売しているため、ディーゼルエンジン関連の加工外注に際立った特徴がある。ディーゼルエンジンの鋳造、溶接、機械加工などに携わる加工外注先は四〇社余りあり、その約七〇%が市内に立地している[(2)]。

ディーゼルエンジンの主要部品における地元企業の活用は、六〇年ごろから急速に広がった。製造コストの低減と仕事量の増大に対応したもので、六四年にはピストン棒やクロスヘッドといった大型鍛造部品の外注先が大手メーカーから地元企業に移管された。三井造船では、品質向上と納期確保を図るために、徹底した技術指導を行い、長期安定的な関係の中で、協力企業を育成していった。

加工外注でも、三井造船は同一工程、同一加工作業に関しては、原則同じ企業に継続発注を行っている。下請企業は、三井造船の図面に従って納期どおりに納めることが重視され、発注単価は、三井造船側の予算枠と、協力企業側の年度ごとの期間損益などが総合的に判断されてきたようである。

しかしながら、船価が低迷する中、船の主機関であるディーゼルエンジンの価格も下がっており、三井造船はここ数年、加工外注先の選別強化を進めている。そうした中で、二〇〇〇年春に実施されたのが、製缶・溶接、機械加工、ユニット組立の三工程に関する発注ルートの集約化である。ディーゼルエンジン部品の外注先として、製缶・溶接で一七社、機械加工で二六社、組立で六社が三井造船と直接取引していたが、集約化に伴い、製缶・溶接は宇野工業、機械加工は三造機械部品加工センターと宮原製作所、ユニット組立は宮原製作所が主要な一次下請となり、約三分の二の企業が二次下請に位置づけられた。三社は、いずれも三井造船の資本が入っている企業である。さらに、集約化の過程で、「発注価格の二〇％削減」が全面に打ち出された。

また、ディーゼルエンジンの大型化に伴い、玉野地域で対応しきれないものについては、大型設備が充実する韓国企業へ依頼する回数も増えてきた。競争が激化する中で、三井造船と下請け協力企業の固定的関係は、加工外注でより先鋭的に崩れ始めた。

## 三　下請協力企業が直面する構造的問題

三井造船玉野事業所の下請協力企業は、(1)構内下請中心、(2)構内下請と加工外注の兼務、(3)加工外注業中心、の三類型に大別できる。以下では、三井造船を頂点とする垂直統合型生産構造の中で存続・発展してきた個別企業の具体例を扱いながら、玉野地域の生産構造の特徴を浮き彫りにしていく。

### (1)　構内下請の実態

構内下請の実態はあまり知られていない。玉野事業所で、鉄工、溶接、足場の作業を中心に請け負っている備南工業の事例を少し詳細に追ってみよう。

#### 労務提供型企業として多展開（備南工業）

備南工業の前身は、四三年に設立した中山工業所である。三井造船に声をかけられ、資材などを運ぶ馬車引き業者としてスタートした。孔開けや鋲打ちに代わって、溶接技術が普及し始めると、同社もブロックの溶接や組立に進出し、最盛期には、足場、鉄工、溶接、防熱、仕上げ、艤装、配管とほぼすべての業種を手がけた。二次下請けからの労働者も含めると総勢五〇〇人にのぼったが、その後の造船不況で事業規模は縮小、八六年頃には、足場工五、六人分の仕事しかない状況にまで落ち込んだ。当時いた従業員一〇〇人のうち四〇人を解雇し、残り六〇人は県内外の自動車工場や養鶏場の現場工事に出向いたり、三井造船の他事業部の仕事を請けたりしながら、しのいだという。二〇〇〇年九月現在、構内の労働者は従業員二六人、二次下請けの労働者四八人、総勢七四人となっている。

こうした玉野事業所構内だけを捉えると、事業の規模縮小が際立つ形となるが、備南工業は減量経営だけを続けてきたわけではない。同社は和歌山県の三井造船由良事業所とサノヤス・ヒシノ明昌の水島事業所でも構内事業を展開している。また、三井造船が八六年に設立した三井造船システム技研に歩調を合わせる形で、システム部を設置し、ソフトウエア事業にも進出した。

さらに、備南工業は、三洋工運（玉野市）、ビナンエンジニアリング（千葉県市原市）、ビナンシステムサービス（同）、とともにビナングループを形成している。七〇年に設立された三洋工運は、船舶の原図や橋梁の設計などを手がけ、玉野鉄工協議会のメンバーでもある。ビナンエンジニアリングは、三井造船千葉事業所で構内作業を行っていた備南工業の千葉出張所が母体となり、六五年に設立された。ビナンシステムサービスは、ビナンエンジニアリングのシステム開発部門が八八年に分離独立したもので、船舶の設計、製図やシステム開発などを手がける。玉野関係全体では従業員一一〇人、年商八億円規模の企業体で、三井造船との取引を核にしながら、事業領域を拡大してきた。

図６―１　備南工業の組織図（2000年９月末現在）

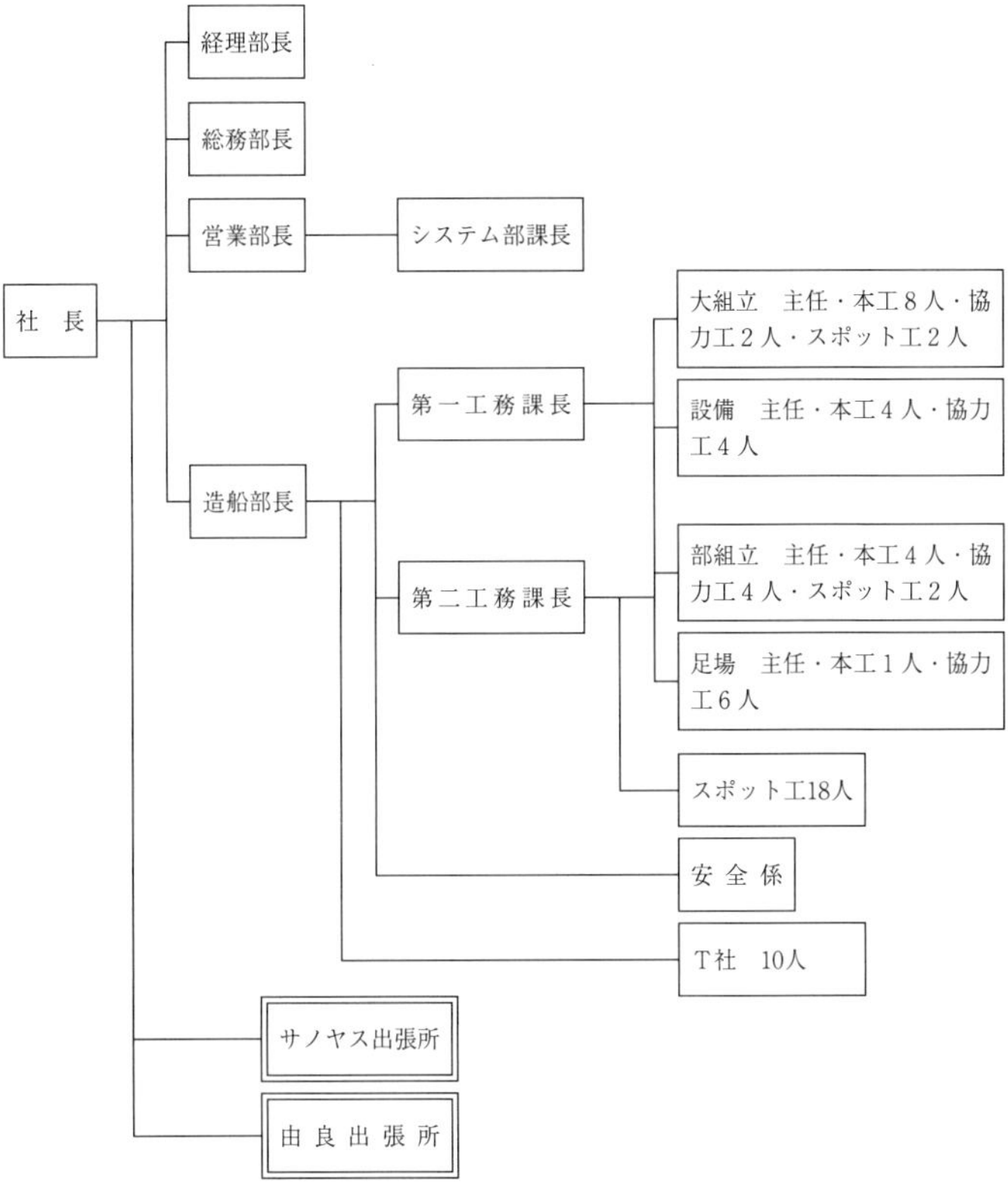


注：本工は備南工業従業員、協力工は二次下請けの従業員をさす。

## 労働力の実態

先にも述べたように、備南工業の構内事務所は、直接雇用しない労働者を四八人抱える。大別すれば、スポット工、協力工、それに備南工業の構内事務所に間借りする二次下請（以下T社）となる。スポット工は三井造船からの依頼に応じて全国から集めてきた短期契約の労働者、協力工は主として市内の二次下請業者から送り込まれている労働者である（構内下請けも元請と同じように、自社の労働者を本工、下請の労働者を協力工と呼んで区別する）。最後に挙げた二次下請は、親方に引き連れられた職人集団で、備南工業名義で三井造船の仕事をしている。備南工業の構内事業は図6―1のような組織で運営されている。

スポット工は、原則三カ月という短期間の労働力として利用される。「時間単価三〇〇〇円で溶接工三人」といった三井造船からの依頼に対して、備南工業には、腕のいいスポット工を短期間に集めてくる能力が要求される。即戦力として期待されており、三井造船の技能試験に合格しなければ、構内で働くことはできない。現在のスポット工二二人は市内のK社と大阪のO社から派遣されており、スポット工に対する寮は、三井造船が用意している。

こうしたスポット工と異なり、協力工一六人は、長期安定的な労働力として位置付けられている。玉野市内の二次下請数社から一人〜三人単位で来ているが、受け入れにあたっては、将来性なども加味し、スポット工ほど高い技能は要求していない。

備南工業の事務所に間借りする二次下請T社は、社長以下一〇人の陣容で、修繕船の仕上げを専門とする。修繕船の見積りや実際の修繕作業はすべて、T社が仕切っているが、対三井造船との関係において、納期などの最終責任は備南工業が負っている。T社と備南工業のこうした付き合いは三〇年以上にわたっている。

スポット工や協力工に比べ、備南工業の従業員は、高齢化が進んでいる。二八人のうち約半数が五〇歳代である。六〇歳以上の従業員も五人を数える。度重なる造船不況の中で、減量経営を続けてきた当然の結果とはいえ、若手育成が大きな課題となっており、数年前から、地元高卒の定期採用を始めた。現在入社一年目が五人、二年目、三年目、四年目が各一人いる。従来、従業員の賃金は時給が基本であったが、人材確保に向けた労働条件改善の一環として、定期採用組には月給制を導入している。

作業形態

スポット工の大半は、三井造船からの依頼に応じて構内の作業所に送り込まれる。時間単位で貸し付けられており、いわゆる「貸工」(3)である。三井造船本工の指揮下で作業をする。二次下請T社も、備南工業の従業員とは独立して作業をしているため、ここでは、備南工業の本工と、二次下請から送り込まれた協力工の業務に焦点をあてる。

三井造船からの作業内容に応じて、備南工業の現場部隊は、部組立、大組立、足場、設備にわかれている。部組立は、船体ブロックを作る前の小組立を受け持ち、大組立が船体ブロックを作る。足場は船台が主であるが、重量物の運搬も手がけている。設備の部隊は工場や設備の増設、改修などを行う。各作業とも、基本的には、備南工業が三井造船から一括して請け負い、自社の従業員と二次下請からの派遣されてきた労働者の混成班を結成して、作業を遂行している。

部組立と大組立では、備南工業の定位置ともいえる作業場があり、スケジュール表に従って流れてくる作業を、備南工業の作業班がこなしている。時間単価はあらかじめ協定単価として決まっているため、工事の溶接長を作業時間に換算した予算時数によって請負価格が変化する。ブロック組立は、三井造船本工の作業班も手がけており、構内下請にとっては利幅の薄い作業である。足場の場合も、協定単価があり、一時間に換算する足場の枚数は工事内容に応じて、三井造船が査定する。同社が独自に見積りを作成するのは、設備工事だけである。構内の補修工事など、突発的なものは、後ネゴになることも多い。

このように、構内下請は、営業努力をしなくても、三井造船の生産スケジュールに従って、自社の専門領域を担当すれば、一定の収益を確保できる体制になっている。見積書作成の能力さえ必要とされない。三井造船との安定的取引関係が、企業としての信用力を生み、資金調達などに有利に働く面もあり、三井造船から一定の仕事が流れてくる現状において、三井造船以外の仕事を探索する意欲は生まれにくく、その余裕もない、というの構内下請の実感ではないかと思われる。

## (2) 構内下請からの飛躍と企業城下町の制約

玉野地域では、構内下請でスタートした企業の多くが、市内に自社工場もしくは自前の本社事務所を持つに至っている。しかしながら、その後も三井造船との取引関係を中心に存続発展しているところが少なくない。

### 加工外注と構内下請業務が連動（三国工業）

三国工業は、三井造船玉野事業所と同じ一九一七年の創業で、八〇年余りの歴史を刻む。三井物産造船部（現三井造船）の造船所建設にあたり、候補地の選定や地権者の取りまとめなどに奔走した現社長の祖父が、三井造船から塗装工事の請負を勧められ創業した。自社工場を持ったのは、六四年である。陸上輸送できないような長尺の鉄鋼構造物や船体ブロックの受注が増加してきたためで、海上輸送に便利な港湾地区に向日比工場を新設した。さらに六九年、御崎地区にも自社工場を建設し、船舶用加給機と産業機械の生産に乗り出した。御崎地区から玉原企業団地工場に移設してきたのは七二年のことで、現在、玉原企業団地内で、鉄構、パイプ、産業機械の三工場が操業している。三井造船の事業所拡張にあわせ、千葉、由良及び大分にも子会社や工場を設立した。

玉野事業所の構内作業も継続しており、従業員数は約二三〇人にのぼる。ピーク時の五分の一程度にまで減少しているが、三井造船の下請協力企業の中では最大規模である。組織は、構内作業などの現場工事を請ける工事部と工場部門に分かれている。九九年度の売上高四〇億円のうち、工事部門（五工事部）が全体の四〇％強を占める。また、全売上高の七〇％強が三井造船向けの仕事である。同社は、造船・重機関連の大物加工や工事を得意とし、「三井の三国」といわれるほど、三井造船の下請協力企業として重要な役割を担っている。

工事部門（役務技術の提供）

現場作業を行う工事部は、船だけでなく、ビルや橋、海洋構造物なども手がけるが、三井造船関連の工事が主体となっている。三井造船からの仕事に限定していえば、塗装工事部は文字通り、船体やディーゼルエンジンの塗装工事を請け、修繕工事部は、船の保守点検や修繕を行う。船舶の防音、断熱などの工事をするのが居装工事部である。機械組立工事部は、ディーゼルエンジンの架構ブロックや掃気管、インタークーラーやガスタービンなどを組み立てる作業を行い、船工工事部が船体ブロックの組立と溶接を担当している。

最盛期には工事部だけで一〇〇〇人の従業員を抱えたが、現在は従業員が一〇〇人で、二次下請や同業者からの派遣組を含めても一八〇人足らずである。他社からの派遣組を数多く抱えるのは塗装部で、二〇〇〇年九月現在、従業員二四人に対して、一二社から派遣されてきた協力工が六八人いる。協力工の人数は変動が大きく、多忙期には約一〇〇人を超える。塗装は、船舶の建造において、常時必要な作業ではないため、瀬戸内地域の同業、者間で塗装工を融通しあうほか、一定数の塗装工を抱えた業者が、瀬戸内地域の構内下請相手に、適宜、人を派遣するという仕組みが生まれている。三国工業の塗装工も、同業者からの依頼に応じる形で、呉、今治、神戸といった瀬戸内海の造船所を渡り歩く。

造船の中でも、塗装工はとりわけ養成に時間がかかる職種であり、三国工業には、若手の育成を半ば諦めた風が感じられる。定年退職者で抜けた穴は、協力工に依存している。ただ、その協力工も四〇歳代以上がほとんどで、瀬戸内地域全体として見ても、塗装工不足が将来、深刻な問題になりうる可能性が高い。

「貸工」と「請負工」が混在した備南工業に対し、三国工業は「請負工」だけである。三井造船から一括請負した作業は、工事部内の各課が、従業員や協力工らを組織してあたる。構内下請にとって、請負価格はほぼ所与のものであり、利潤はいかに作業効率を高めるかによって左右される。このため、三国工業では、全社レベルで生産性の向上につながるようなアイデアを出した個人やチームに賞金を渡す改善提案制度を導入している。

工場部門（製造・生産）

工場部門は、鉄構工場が最も大きく五一人を擁し、パイプ工場（四〇人）、産業機械工場（三〇人）、向日比工場（二四人）と続く。鉄構工場は、ディーゼルエンジンの架構やクレーンの構造物といった大型の製缶溶接を手がけ、ディーゼルエンジンや発電機などのパイプを製造しているのがパイプ工場である。向日比工場は、船体ブロックを製造しており、この三工場は三井造船からの仕事が多い。脱造船で一線を画しているのが産業機械工場で、製紙や自動車、建材、食品といったメーカー向けの機械装置を作っている。搬送機械を得意とし、仕事は商社経由で受注する。産業機械の売上高は、全売上高の一五％強を占めるまでに成長したが、造船に匹敵する新たな事業柱にまでは至っていない。

三国工業の場合は、加工外注と構内下請の仕事がともに、船舶やディーゼルエンジンの生産工程に組み込まれており、船舶やディーゼルエンジンの生産技術やノウハウ、提案力が同社に蓄積される結果となっている。構内作業と工場の仕事内容が類似しているため、仕事量に応じて従業員を柔軟に配置できる利点もある。ただ、一連の生産工程を自社工場と構内で行うために、造船市況が低迷すれば、工事と工場の両部門が一度に直撃されるリスクを抱えている。

同社では、造船依存への強い危機感を持って、十数年前から事業多角化に向けた試行錯誤を繰り返しているが、手ごたえのあるものは得られていない。企業城下町では、一定の企業規模を誇り、ある程度の技術力や営業力を保有していると思われる企業であっても、自立的な展開は意外なほど難しいのである。三井造船の論理からすれば、三国工業は、完全に自立されては困る存在であり、本業に響きかねないリスクのある挑戦は回避されなければならない。企業城下町においては、親企業の意向という大きな制約があることを認識しておく必要があろう。

### 三井造船の新事業展開に活路を模索（山陽鋳機工業）

山陽鋳機工業も戦前から続く三井造船の下請協力企業である。社長の祖父が三井造船の鋳造関連作業の受注を目的に、三一年、玉野事業所構内で創業した。技術的には、鋳物の仕上げ加工に定評があり、県内に競合相手はいない。構内の作業所でディーゼルエンジン関連の仕事を手がける一方、玉原企業団地の本社工場では、三井造船の新規事業である半導体関連装置の部品製造や介護用入浴装置の組立などを展開している。

構内作業は、二度の造船不況を経て整理縮小し、現在はディーゼルエンジン部品のブラスト作業と鋳物品の仕上げ加工を手がける。ブラストとは、鉄粉などの研掃材を圧縮空気で鋼材表面に打ち付け、さびなどを落とす方法で、塗装前の表面処理として行われる。

自社工場は、玉原企業団地内の玉原工場（現本社）が第一号で、その後、岡山工場（岡山市）、東海工場（愛知県岡崎市）と展開した。岡山工場の従業員数は二五人で、岡山市周辺の中小鋳物業者から持ち込まれる鋳物の仕上げ加工を行っている。従業員五人を抱える東海工場は、工作機械メーカー向けに鋳造品を仕上げている。さらに関連会社として鋳造品関連の北陽工業（島根県松江市、資本金一〇〇〇万円）とクラシキ機工（岡山県小田郡矢掛町、同五〇〇〇万円）を有し、関連会社を含めた従業員は二〇〇人弱にのぼっている。

三井造船構内（玉野工場）

山陽鋳機工業は、間接部門（事務職）の従業員のみ本社で一括採用し、直接部門はそれぞれの工場長に採用権を委ねている。直接部門の従業員が工場を移ることはまれである。同社は、三井造船玉野事業所内の作業場を玉野工場と称しており、二〇〇〇年九月現在、従業員が二二人、二次下請から派遣されてきた労働者が七人働いている。二次下請は二社あり、一社（以下Y社）は市内、もう一社（以下K社）は倉敷市内に立地する。両社とも、実質的には企業の実態を持たず、労働者を提供する「人入れ家業」的存在で、Y社から五人、K社から二人派遣されている。なお、K社の二人は日系ブラジル人である。

人件費は時給で、月一回まとめて各社に支払う。同社の二次下請活用には、3K（キツイ、キタナイ、キケン）職場で人が集まりにくいことに対する、人手不足対策の色合いが強い。未経験者が派遣されてくるため、クレーン操縦などの免許取得はすべて山陽鋳機工業の負担で行われている。技術や技能の取得に一年以上かかるため、ある程度の長期勤務を前提としており、実際、Y社の二人は一〇年以上働いている。

正規の従業員は主に職業安定所を通じて採用する。二週間アルバイトで働き、双方が折り合えば遡って本採用となる。山陽鋳機工業がはねることはまれで、大抵は「きつくてやれない」と辞退される。最近、若手の養成にも力を入れ始めた。昨春地元の高校から新卒を一人採用、今春も二人を予定している。

従業員の給料は、時給と報奨金の組み合わせで、効率よく仕事をすれば奨励金が出て手取額が増加する仕組みである。時給は新卒の一時間一〇〇〇円が最低で、勤続年数や能力などに規定される。一時間の標準作業量一トンの仕事を、八時間で八トン以下しかこなせないと、時給分しかもらえないが、八時間で一〇トンこなせば、標準よりも上回った二トン分に対して奨励金がでる。

現場は鋳物関連作業を行う鋳鋼職場とブラスト作業の重機職場に分かれ、鋳鋼職場は従業員七人と派遣組四人の計一一人、重機職場は従業員四人と派遣組三人の計七人で構成する。作業は一括請負し、三井造船から月初めに渡される工程表に従って作業をする。

ブラスト作業の重機職場は、独立した工場棟で、作業はすべて山陽鋳機工業の職場長の指揮下で行われる。仕上がった段階で、三井造船の本工が検査に入り、問題がなければ、隣接する塗装担当企業（後述する三国工業）の作業所に送り込む。機材はすべて三井造船からの無償貸与である。

鋳物関連作業を行う鋳鋼職場は、重機職場とは離れており、鋳造工場棟の一角にある。こちらの作業も、山陽鋳機工業の職場長が管理し、派遣組を含む一〇人が一人作業をこなしている。

いずれの作業も、三井造船との工事請負契約に従って、継続的に発注されてくる。請負価格は毎年見直しがあり、二〇〇〇年春の交渉は、三井造船からの「二〇％値下げ」をめぐる攻防となった。なお、工事代金は、翌月末に六か月の手形で支払われる。

玉原工場

玉原工場は、テストピース採取加工や液晶関連装置の部品加工、医療機器の組立などを行う。テストピース加工は、ディーゼルエンジンに関するものと溶接鋼板の強度測定に関するものがあり、同工場設立当初からの主力業務である。液晶関連装置や医療機器の仕事は、四人の営業担当が玉野事業所の各事業本部に売り込みを図り、獲得してきた。脱造船を図る三井造船の新規事業に、設計・試作段階から関与していくことで、事業分野を拡大していくのが同工場の戦略である。

玉原工場は、機械加工業の一般的下請業者の形態をなしており、材料支給の賃加工だけでなく、部材調達から手がけ、製品に仕上げて納入するものもある。県内を中心に約三〇の下請け企業を抱え、社内でできない板金やメッキ、レーザー加工はもちろん、社内よりも外注のほうが割安であったり、仕事量が増加したりした場合にも活用している。

山陽鋳機工業は、鋳造品仕上げ加工という創業以来の蓄積技術を武器に地域や取引先を広げる一方で、本社の玉原工場は、三井造船の新規事業への連動と、新規取引先開拓で業容拡大を図ってきた。玉野市内の工場は三井造船との取引関係を優先しているが、山陽鋳機工業全体でみれば、売上高に占める三井造船の比率は約六〇%にとどまっている。親企業の動向を無視できない企業城下町の特殊性を十分に踏まえたうえでの地道な展開となっている。

### (3) ディーゼルエンジンの加工外注

わずか三事例であるが、構内下請でスタートした企業の三井造船離れの難しさは、構造的な問題であることが正しく認識される必要があるだろう。企業家精神の欠如を声高に批判しても、問題解決の糸口は見えてこない。三井造船の生産スケジュールの中にがっぷりと組み込まれ、しかも高齢化、人手不足、コストダウンといった難題に見舞われる中で、身動きが取れない状況になっている。構内作業からの撤退さえ思うに任せないのが、構内下請の実情である。

こうした企業群に対し、加工外注は総じて、自立的展開が進んでいる。加工外注の多くは、ディーゼルエンジンの関連部品を主に手がけており、その蓄積技術が展開力を高めているのである。さらに、三井造船自身が、加工外注先の選別強化を強めており、自立化が親企業の意向に沿うという面も見逃せないだろう。

### ディーゼルエンジンで専門特化（宮原製作所）

排気弁、ピストンといったディーゼルエンジンの基幹部品をユニットで三井造船に納入しているのが、宮原製作所である。そうしたユニット部品が、三井造船構内で組み上げられ、エンジンとして完成する。三井造船が二〇〇〇年春に打ち出した加工外注先の集約化では、同社は他の協力会社二社を取りまとめる一次下請として位置付けられた。

宮原製作所の創業は二四（大正一三）年で、現社長の祖父が本社工場のある現在地（宇野四丁目）で創業した。ディーゼルエンジン部品の加工外注企業として地歩を固めたのは六〇年代のことである。六一年に三井造船と発電用小型ディーゼル機関の製造契約を結び、三井造船が大型ディーゼル主機関のセミアッセンブルを外注し始めた六九年には、その協力工場に選定された。以来、同社は、船舶用ディーゼルエンジン一筋ともいえる歩みをたどり、現在も、部品の機械加工と、複数の部品をシリンダーカバーや排気弁、ピストンなどに仕立て上げるユニット組立を手がけている。

当然、取引先は三井造船が最も多く、九九年度の売上高一六億円のうち約六〇%は三井造船が占める。同じB&W社のエンジンを作る日立造船とも取引があり、エンジン以外では、九州にある西研グラフィックスの印刷機械や三菱重工神戸事業所の原子力関連部品などの加工や組立を行っているが、ディーゼルエンジンに特化した生産設備と人材を抱え、思い切った事業転換は図れていない。

むしろ、「ディーゼルエンジンの宮原」として、生産性の向上や国際化に務めているようにも見える。九一年には、三井造船と共同で、中小型ディーゼルエンジン部品を生産する「宮原マシナリー」を設立した。資本金二〇〇〇万円のうち五一%を宮原製作所、四九%を三井造船が出資している。工場には最新鋭のマシニングセンターなどを設置し、二四時間フル稼動の完全自動化体制を構築、わずか五人の従業員が切り盛りする。

海外を強く意識し始めたのは、九五年ごろからで、商社経由で持ち込まれたスペインへの排気弁輸出がきっかけとなった。三井造船から図面や材料を支給されながらエンジン部品を製造してきた同社にとって、海外メーカーからしかも図面だけ渡されての製造というのは、勇気のいる挑戦であったが、三井造船の支援を得ながら納入にこぎつけた。最近はドイツで開催される国際見本市に出展、ディーゼルエンジンを内製しているヨーロッパ諸国や韓国、中国の造船所へも売り込みをかけている。日本の造船メーカーを脅かすまでに成長してきた韓国や中国の造船所とも徐々に付き合いを深めることで、エンジン部品関連で、一定の仕事量を確保していきたい考えである。

ところで、三井造船の外注先集約化で、宮原製作所は他の協力企業二社を統括しているが、半年を経た現段階において、取引の実態は大きく変化していない。協力企業二社への発注や部品の納入、支払いなどは同社経由で行われるようになったが、二社は、集約以前と同じ仕事を受けており、二社が加工した部品も作業の効率上、以前から同社に直接納入されていたものが多い。建前上は、宮原製作所が二社への発注部品や量に関する裁量権を持つが、現在のところ、価格はともかく、仕事量そのものが潤沢なため、生産の集約にまでは至っていない。

同社が、三井造船の関係会社になったのは六九年のことで、工場増設資金を三井造船から融資されたのがきっかけとなった。資本金（五四二〇万円）の約三分の一を三井造船が出資しているが、経営の独自性は維持されている。

生産拠点は、本社工場と玉原企業団地内の玉原工場で、従業員は九二人（九九年九月現在）である。造船不況時に採用を抑制していたため、三〇歳から四〇歳代の中堅社員が少なく、二〇歳代と五〇歳代が多い。

### 下請企業選別を契機に新たな中核事業を模索（タノムラ）

タノムラは、三井造船のディーゼルエンジン部品の製缶や機械加工を手がけ、製品としては、グレーチングブランケットや端カバー、チェンケース上部カバーなどを作っている。売上高三億六〇〇万円（一九九九年度）に占める三井造船の比率は八五％にのぼり、三井造船への依存度は極めて高い。従業員数は三三人で、一次下請となった宮原製作所や宇野工業に比べて企業規模も小さく、玉野市内に多い加工外注企業の典型例といえるだろう。

同社は、三井造船玉野事業所の鍛造工場に勤務していた現社長の祖父によって、三六年に設立された。当初は、呉海軍工廠及び広海軍工廠の切削工具と、農業用発動機のクランク及びロッドなどの鍛造に取り組んでいたが、船舶用艤装金物を受注した三七年から三井造船との取引が始まった。そして戦後の高度経済成長期に、ディーゼルエンジン部品、産業機械部品、プラントなどの仕事を受注し、三井造船の協力企業として発展していった。

三井造船玉野事業所近くにあった本社工場を現地（長尾七六五番地）に移転してきたのは六八年のことである。設備投資には積極的で、三メートル級のラジアルボール盤、NC五面加工機、フロア―型NC横中ぐりフライス盤など、超大物加工に必要な工作機械を整備している。中大物部品の製缶から機械加工までの一貫生産を強みとする。

だが、ディーゼルエンジンの製缶と機械加工の仕事は、協力企業集約化の過程で三井造船と直接取引きできなくなった。二〇〇〇年四月以降、三井造船との仕事は、①宇野工業経由（製缶）②三造機械部品加工センター経由（機械加工）③直接、の三経路に分かれている。宇野工業と三造機械部品加工センター経由の仕事は、値下げを要請してくる三井造船と価格交渉を行う余地がなくなったうえ、三井造船から流れる仕事量が減少すればまっさきになくなる可能性が強い。

三井造船一社依存からの脱却に真剣に取り組まざるをえない状況に追い込まれた同社は、集約化構想が浮上した二年ほど前から取引先の新規開拓に努めており、九九年には三菱電機の子会社（岡山県邑久群邑久町）との新規取引に成功した。岡山県中小企業振興協会が主催する商談会を通じて開拓したもので、変圧器関連部品を加工している。既存の生産設備や従業員がほぼそのまま生かせる大口の仕事で、二〇〇〇年度の売上高は前年度を上回り、売上高に占める三井造船向けの割合も、六五％程度にまで下がる見込みである。

同社は、三井造船のディーゼルエンジン部門に張り付く形で事業を展開してきたが、その三井造船から「協力企業の集約化」「発注価格の一律二〇％引下げ」といった厳しい条件を突きつけられ、ようやく本気で自立化を目指し始めたといえるだろう。まずは、蓄積技術を生かす形で、当面の取引先拡大に取り組んでいるが、インターネット関連事業などの可能性も模索している。情報のアンテナを高く掲げながら、将来の中核事業を見出していきたい考えである。

## 四　下請け協力企業の将来展望

一般に企業城下町では、下請協力企業の親企業依存体質が問題とされるが、下請協力企業に一方的な非があるわけではない。それは日本の造船業が発展する過程で最も経済合理性にかなった形態であり、親企業と下請協力企業に共存共栄をもたらした。玉野地域でもその傾向は顕著であった。最終節では、三井造船の構内下請や加工外注が今後取り組んでいくべき課題を検討しておきたい。

### 大企業依存体制の崩壊

下請協力企業はこれまで、三井造船の指示どおりに仕事をしていれば、一定の利益を確保できた。構内下請はもちろん、加工外注も、三井造船が必要とする技術を磨き、納期が逼迫すれば、突貫工事で対応する。反面、仕事は地元企業へ優先的に発注され、受注を巡って同業者と競争させられることもない。三井造船が仕事をとってきて、玉野地域の中小企業がその生産活動の一部を分担する体制が最も効率的なものとして、維持されてきたのである。不況期に新市場が開拓されることはあっても、造船市況が回復すると、三井造船優先の仕事配分となり、新規取引先との関係は途絶えていった。下請け協力企業の三井造船依存体質は、下請協力企業が他社の仕事をすることを嫌う三井造船の都合と、慣れ親しんだ仕事を好む下請協力企業の甘えによって強化されてきたと考えられる。

しかしながら、韓国や中国の造船メーカーが台頭してきた現在、三井造船は、下請協力企業に対する選別と集中、発注価格の引き下げ、外注から内製への転換、海外からの部品調達などを強めている。もたれあいともいえる長期安定的関係は大きく揺らいでおり、三井造船頼みではいずれ事態が立ち行かなくなる可能性が強まってきた。

まず、造船業であるが、三井造船が大量の受注残を持っているため、下請協力企業は一見、活況を呈しているように見える。しかしながら、構内下請の作業人数や作業時間は三井造船に管理されており、企業努力によって大幅な利益が見込めるというものでもない。むしろ採算ぎりぎりのところで請け負わされている。これ以上の賃金切り下げは、人手不足に拍車をかけることにもなりかねない。三井造船にとっても、協力工依存は「技能が伝承されない」「生産現場の技術革新に遅れをとる」といった新たな懸念を生み出している。協力工も、本工かそれ以上に高齢化しており、造船業の担い手が地域から消えるという深刻な問題さえはらんでいるのである。

ディーゼルエンジン部品の三社集約に代表される加工外注の選別強化も、地元企業にとって複雑な様相を呈している。三井造船は、資本を入れている企業や、ユニット発注に対応できる企業、あるいは高度な専門技術を持った企業だけに、取引先を絞っていきたい意向のようである。現在のところ、仕事が流れているため、小規模な下請協力企業も従来通りの仕事を受注しているが、三井造船の仕事量が減少すれば、下請協力企業の二極分化は表面化するだろう。三井造船との関係が維持、強化されている企業にとっても、厳しいコストダウン要請の中で収益基盤は悪化している。

さらになによりも、三井造船の建造やディーゼルエンジン部門そのものに対する先行き不透明感がある。日本の造船産業は、アジア地域に追い上げられ、企業の再編、生産拠点の統合といった荒波にさらされている。造船業界再編の中で、三井造船、そして玉野事業所がどのように位置付けられることになるのか。当面は、三井造船との取引を継続していくことになるが、現在の状態が安定的なものとは考えにくい。

## 自立化に向けた課題

こうした中で、三井造船の下請協力企業は、いかに新たな時代を切り開いていくのか、という難題に立ち向かわなければならない。

とはいっても、生産設備を保有せず、労働者の流動性が高い構内下請だけの企業は、その身軽さゆえに、あまり危機感を募らせていないように思われる。現段階においては、コスト競争力を高め、若手の職人を養成していくことが、三井造船玉野事業所、ひいては自らの存続につながるという発想なのであろう。「ここで踏ん張れば、三井造船とともに存続できる」という淡い期待を抱きながら、懸命に仕事をこなしているというのが、構内下請の実情に近いのではないだろうか。さらに、三井造船の他の事業所や他の造船メーカーの事業所に事務所や出張所を設けているところが少なくない。そうした構内下請は、仮に玉野事業所が縮小に追い込まれたとしても、集約先の他地域でいかに事業を展開するかを真っ先に考えることになる。構内下請の労働者（二次下請を含む）も、必ずしも全員が地域に密着して生きているわけではない。渡り職人的色合いが濃い。国内の造船所が、瀬戸内から九州にかけて林立しているという地域特性もあり、ポスト三井造船をにらんだ独自の展開を玉野地域で図るという意識はあまり強くないようである。むしろ、日本の造船業界から、労務提供型企業としていかに評価されるかに、関心は向かいつつある。行政による中小企業支援策も、こうした構内下請を意識したものにはなっていない。

以上のような事情から、玉野市内に自社工場を持つ下請協力企業に焦点を絞り、今後のあり方を考えてみると、以下のような点が指摘できる。

第一点が多方面にわたる営業活動や情報収集活動である。玉野商工会議所が一九九六年に市内の機械金属事業所を対象に実施した調査(4)でも、親企業から一定の受注量を確保しながら、取引先を開拓する必要性は認識されていた。そのさい、自社工場を持ち、ディーゼルエンジン部品などの加工に携わってきた企業は、生産設備に多額の資本を投下しているうえ、労働力もそのほとんどを直接雇用している。大物の製缶加工、溶接加工、機械加工といった蓄積技術へのこだわりは強く、自社の保有技術や保有設備をベースに、得意分野を究めていきたいという意向が強い。しかし、既存技術だけでは、展開の幅は限定される。未知の分野に挑戦することによって、自社の展開力を高めていくことも必要であろう。多方面への営業活動や情報収集活動は、短期的には、当面の仕事先確保を目指すことになろうが、中長期的には将来の中核事業を見極めて、自らをその方向に変えていくものとして、位置付けられなければならない。

第二点としては、加工業者としての専門性を究め、アジア、あるいは世界の造船メーカーを相手に事業を展開する可能性が模索される必要があろう。従来、中小企業の国際化といえば、電機電子業界や自動車業界が中心であった。しかし、韓国や中国の造船所が台頭し、国内造船メーカーによる部材の海外調達が増加してきた中で、玉野の中小企業も、視野を国外にまで広げることが求められる。玉野事業所だけでなく、三井造船、国内の造船業界、そして世界の造船業界へとその視野を広げ、それぞれの枠組みの中で、自社が現在どのような位置にあり、将来どのような位置を占め得るのかを常に意識しておく必要がある。その萌芽は宮原製作所に認められるが、進捗著しいアジア地域の造船所と深く関わっていくことで、新たな展開を切り開いていこうとする発想は、今後ますます重要になってくるであろう。

第三には、三井造船との関係に対する意識改革があげられる。何度も指摘してきたように、下請協力企業は、三井造船から仕事が来なくなると、新たな取引先を求めて奔走するが、三井造船から仕事が出るようになると、三井造船との取引を最優先してしまう。これでは、自立した企業への脱皮は不可能である。自らの存亡を親に委ねるリスクが、かつてないほど大きくなっていることを直視し、三井造船は、頼るべき親ではなくて、船やディーゼルエンジンを作るためのパートナーであるという発想と実力が求められる。実際、船やディーゼルエンジンのもの作りにおいても、下請協力企業の技術力やコスト競争力が、三井造船の競争力を左右する。三井造船の下請協力企業であることが誇りであるような企業城下町の常識とは一線を画し、独自路線を打ち出していく勇気が求められる。

もっとも、こうした親企業依存体質の課題はこの二〇年余り、指摘され続けてきた。しかし、玉野の中小企業に、目立った変化は生まれていないのである。なぜか。下請中小企業には、何度も繰り返される造船不況の中で、不況期さえ減量経営で乗り切れば、という発想が染み付いている。三井造船から一定の仕事が流れてくる状況では、独力で新しい事業分野を切り開いていこうという意欲も生まれにくい。仮に意欲ある経営者がでてきたとしても、自社の技術や生産設備は限られている。他の中小企業が三井造船を向いて仕事をしている中では、営業活動や生産活動で協力しあうこともままならない。こうした企業城下町特有の構造の中で、多くの企業は、自らを変革できないまま今日に至ったといえる。

個々の企業努力はもちろん必要である。だが、大企業の意向に従い、畸形的に発展させられてきた中小企業一社でできることは限られているのである。約八〇年にも及ぶ企業城下町の常識や足かせを振りほどき、新たな事業を展開していくには、玉野の中小企業はあまりにもナイーブな弱い存在といわざるをえないだろう。三井造船から自立化を強く迫られるようになったディーゼルエンジン部門の加工外注はまだしも、「生かさず殺さず」の状況に置かれている多くの企業は、新しい一歩を踏み出すことさえ歓迎されていない。

それだけに企業城下町との決別には、地域あげての取り組みが不可欠である。個々の企業は、内外の企業との連携を深め、自社のビジネスの可能性を広げるとともに、ポスト企業城下町を意識した将来ビジョンを構築し、それを共有化していく必要があるだろう。

(1) 社外工については、東京大学社会科学研究所『造船業における社外企業の性格と諸類型、調査報告第三集』一九六三年、糸園辰雄『日本の社外工制度』ミネルヴァ書房、一九七八年、を参照にされたい。

(2) ディーゼルエンジンに関する記述は主に三井造船『三井造船のディーゼル五〇年』一九七六年、に拠っている。

（3）二〇〇〇年九月の調査時点でスポット工は「貸工」であったが、二〇〇〇年一一月から「協力工」としての位置づけに変わった。二〇〇〇年二月現在、同社に「貸工」はいない。

（4）玉野商工会議所『玉野地域工業活性化ビジョン策定事業調査報告書』一九九六年、に詳述されている。調査は一九九六年八月実施で、対象は市内の機械金属工業の事業所二一七社、回収率は二七・七％。

# 第七章　玉野地域の中小企業の特色

企業城下町の工業構造変革は、多くの場合、特定大工場側の状況変化によって引き起こされる。古くは秋田県能代地域の秋木工業の分割、そして岩手県釜石地域における新日鉄の高炉製鉄の停止、秋田県本荘地域におけるＴＤＫのグローバル経営の展開、広島地域のマツダの外資との合併など、大企業の事業所と地域工業との関係は必ずしも安定的なものではない。

当地域においても三井造船玉野事業所の加工外注企業の再編・集約化と外注単価を二〇％削減する取り組みは、従来の地域工業構造を大きく揺り動かし、地域中小企業に新たな対応を迫るものとなっている。七〇年代中盤から繰り返されてきた日本造船業の好況と不況のサイクルにおいて、玉野事業所では地域中小企業との生産連関を維持しながら社内の設備能力と人員の調整、事業分野の多角化などに努力してきたのだが、いよいよ地域工業との関係についても大鉈を振るうことになったということであろう。

第七章では、造船企業城下町の工業構造変革に取り組む地域中小企業に焦点を当てる。第一節では、玉野地域工業はどのような構造変容を示しているのかを示し、第二節から四節で地域中小企業がいかなる取り組みをしているのかを具体的な事例研究を通じて考察する。そして、第五節では地域中小企業と地域産業行政に期待する姿勢や役割について述べてみたい。

## 一　構造変革に向かう地域中小企業

三井造船玉野事業所は、この地で造船事業を手がけて八〇有余年の歴史を重ねている。当事業所を特徴付けている点は、舶用ディーゼルエンジンを製造・外販していることにある。一九九八年には累計生産三千万馬力を達成し世界記録を更新している。舶用ディーゼルエンジンはピストン、シリンダー、クランクシャフト、排気弁などの機関ユニットと、それらを囲む架構ブロック、パイプ類などから構成され、精密なメカニクスのかたまりである。こうした部品の加工、ユニット組立には、鋳造、鍛造、機械加工、製缶、熔接といった多様な加工機能を要し、また、大型の舶用ディーゼルエンジンともなると個々の部品も大きく重くなり、それらの加工に対応した大型工作機械が必要となる。

生産規模拡大にあわせて全ての工作機械をメーカー一社で装備することは合理的ではなく、完成品を組立てる工場の近くに部品加工、ユニット組立を担う加工外注企業を求めることになる。実際、玉野事業所から地域中小企業への発注金額の過半数はディーゼルエンジン関係といわれており(1)、部品加工とユニット組立は四九社の地域中小企業が担ってきたのである。

また、船舶を完結させるためには、ディーゼルエンジンのほかに船体ブロックや艤装関係、電装関係、内装関係、造船所構内作業など多面的な「モノづくり」が必要であり、玉野事業所資材部に登録されている協力企業は八四社を数えている。

図7—1　地域工業構造変革の三つのベクトル

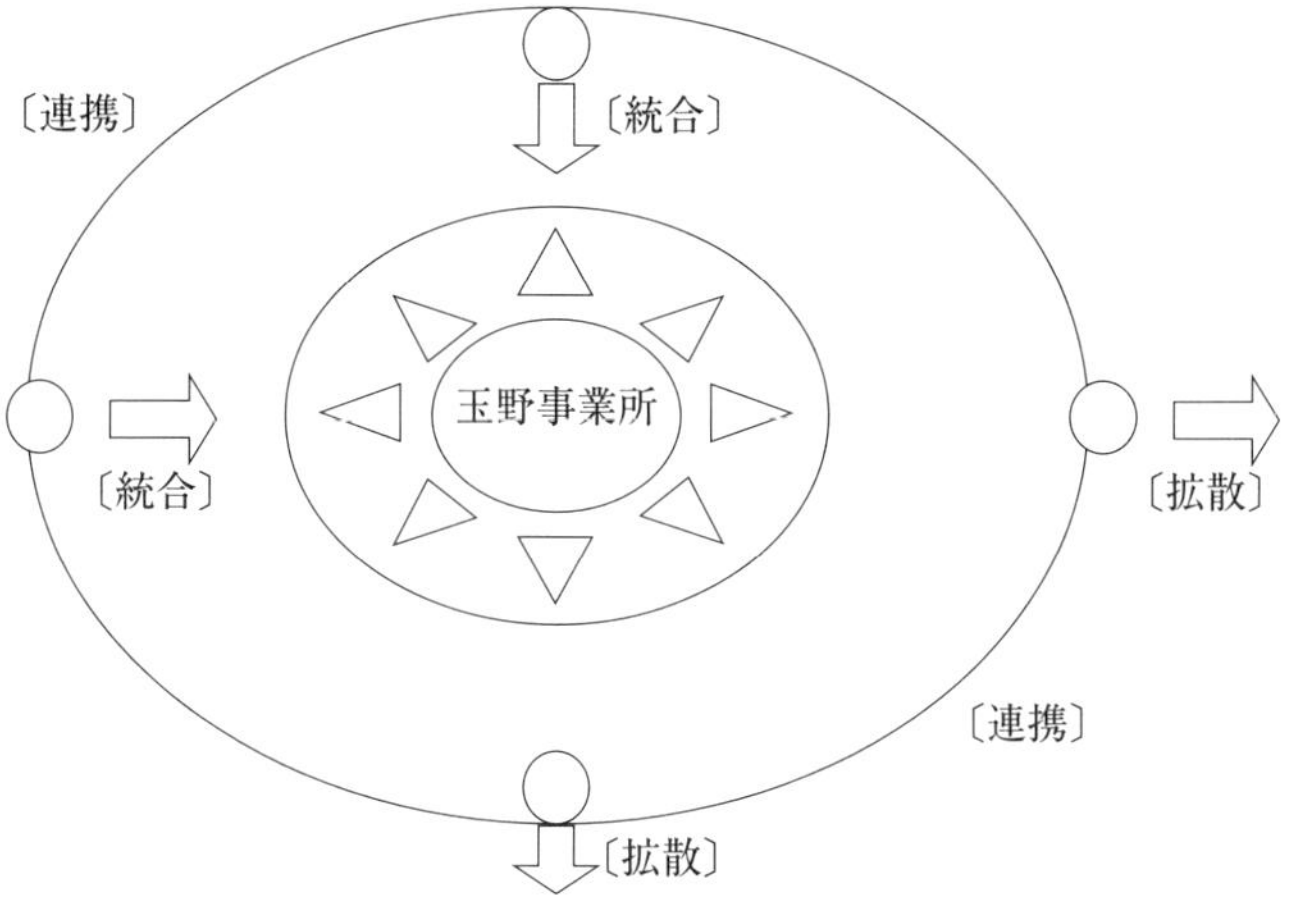


## 地域工業構造変革の三つのベクトル

玉野地域工業を構成する中小企業は、これまで造船事業に対応して企業経営を収斂させてきた。生産設備の導入、工場建設、従業員の採用・養成など、いかに効率的に良い船を造るかということを目標として、玉野事業所を求心力とする強力な「統合」のベクトルが作用していた。「統合」のベクトルは約八〇年間、地域工業の盛衰の基本基軸でありえたのだが、国際的な造船業界の構造変革は地域工業の構造変革をも促し、新たに「拡散」と「連携」のベクトルが発生している。

第一の「統合」のベクトルでは、協力企業の再編・集約化という変革が起こっている。玉野事業所では、この二年間で主力事業のディーゼルエンジンに関わる四九社の加工外注企業を三社の「生産分担工場（一次下請企業）」と、一六社の二次下請企業に再編・集約化を行った。すなわち、機械加工については、二六社を九社に、製缶・熔接は一七社を七社に、エンジンユニット組立は六社を三社に集約するというものであった。

第二の「拡散」のベクトルは、玉野事業所への高い受注依存度からの脱却をめざし、玉野地域外市場へ参画すべく独自の事業展開を模索する動きとして現れている。

第三の「連携」のベクトルは、協同組合における新製品の開発や、若手経営者グループの「モノづくり」ネットワーク構築の試みなど、地域中小企業の連携によって新たな事業領域を開拓しようとする動きである。

玉野地域工業の中心にある玉野事業所の状況変化は、地域工業構造の変革を発動させた。長い間、企業城下町の枠組みと常識の中で存立してきた中小企業の中から、造船を引き続き支えていこうとする企業、造船以外の事業領域に向けて独自の展開に挑戦しようとする企業、そして、地域に存立する企業同士の連携によって新たな地平を切り拓こうとする企業が現れている。次節では、地域工業構造変革を推し進める一方の主役である地域中小企業の取り組みを描いていくことにする。

## 二　造船を支える地域中小企業

日本の造船業界再編の中で三井造船玉野事業所は、国際競争に対抗できる主力生産拠点に転換することが重大な目標となっている。造船を支える地域中小企業においても国際的な大競争に対抗できる企業経営が求められている。地域の主力産業である造船に自社の経営の方向を「統合」させ、今後も造船を支えていこうとする中小企業の直面する課題をみていこう。

## 宇野工業

特殊薄板鋼板の伸縮管継手（ベローズ）の成型加工技術と熔接技術をコア技術とする宇野工業は、三菱重工業長崎造船所の技能工であった岸武源次郎氏が一九一四（大正三）年にスエーデンに派遣され電気熔接技術を習得し、三九年に玉野市にて個人経営の岸武鉄工所を創立したところに始まる。五〇年に株式会社に改組し宇野工業となり、六〇年から伸縮管継手の製造を開始する。七二年には玉原企業団地に新工場を建設し、八二年に工場増設を行い工場敷地約二ヘクタール、工場建屋面積約四五〇〇平方メートルの工場を作り上げている。この間、三井造船による資本の買い取りにより、一〇〇％子会社となっている。

当社は伸縮管継手を主力製品とし、圧力容器、熱交換器、ディーゼルエンジンなどの製缶加工を行っている。伸縮管継手に関しては船舶配管に多用される円形継手を得意とし、約一〇％の全国シェアを占めている。新規分野としてダンパー類および煙突用免振継手の製造に展開している。当社の技術的特徴は薄板鋼板の成型、熔接技術にある。プラントなどに用いられる継手は耐蝕性や耐圧が要求されるため特殊な薄板鋼板を使用することが多い。そうした多様な材質の熔接技術を蓄積していること、そしてさらに、薄板成型加工技術として液圧プレス成型（バルジ加工）を可能としていることが重要な特徴である。液圧プレス成型機は横型、縦型の一〇〇～一五〇〇トンまでの五台を装備している。

現在の従業員は九三人、二〇〇〇年の売上計画は約一六億円を見込んでいる。二年前には従業員一一一人、売上は約二九億円であった。こうした大幅な経営変動は、玉野事業所への「統合」ベクトルに沿った協力企業の再編・集約化と一部の業務が親企業に移管した結果もたらされたものである。

「生産分担工場」としての新たな役割

玉野事業所による加工外注企業の再編・集約化の取り組みにおいて宇野工業は、三造機械部品加工センター（機械加工分野）、宮原製作所（エンジンユニット組立分野）とともに、製缶・熔接分野の「生産分担工場」の役割を担うこととなった。宇野工業の傘下には六社の二次下請企業が編成された。それまで製缶・熔接分野で玉野事業所と直接取引していた企業は八社あったのだが、この再編・集約化により一社は協力企業から抜け独自路線に向かい、一社は廃業を選択した。こうして当社には大量の図面が支給されることとなり、自社加工分を除いた加工を六社に外注する体制が構築された。どの企業に外注するかは当社の判断に任されているが、加工単価が二〇％下がらない場合は、他の企業を探さなければならない。納期管理責任は当社にあり、品質管理責任は親会社と分担することになっている。

以上のように「生産分担工場」となった宇野工業は、玉野事業所からの仕事量の安定供給を保証される一方、外注企業の管理、コストダウン目標の達成責任を負うことになった。あわせて九九年まで売上の約三分の一を占めていた三井造船向けのメンテナンス部品は親会社が内製することになり、全社の事業規模は前年比約六割に縮小している。これに伴う従業員のリストラにも着手せざるを得なかった。

当社のほかに外注企業の再編・集約化の中に留まり造船を支えていく方向を選択した中小企業は、多かれ少なかれ同様の変革に取り組んでいるのであろう。現在は親会社主導の荒療治がなされたばかりであり、その後の回復・成長の様子を評価するには今後の観察が必要である。スリム化を図った垂直統合型生産構造が国際競争に伍して、さらに新たな展開に向かうことが期待される。

## 三　域外市場に向けた独自展開の模索

典型的な企業城下町を形成してきた玉野地域の中小企業の中から、親企業への「統合」のベクトルとは別に、自ら新たな世界に切り込んでいこうとする企業が現れている。そうした彼らの挑戦は容易なものではなく、すべての企業が必ずしも思惑どおりの結果を得られているわけではないのだが、以下にみるような多様な経営戦略の発現や、新たな可能性を追求する中小企業が次々と登場してくることが重要であると思う。これまで企業城下町の内側で競争し、協調する暗黙の枠組みから脱し、外側の世界に向けた「拡散」のベクトルを生み出している中小企業の取り組みをみていくことにする。

### (1)　大物機械加工技術のアピール（長尾鉄工）

長尾鉄工は一九一八（大正七）年に船舶艤装に用いるウインチ、滑車などの鋳造部品の生産を事業の発祥としている。三井造船玉野事業所の前身の三井物産造船部が旧宇野村にて創業した一年後の創業であり、三代の経営にわたり玉野事業所とともに歩んできた地域中小企業の一つである。玉野事業所向け船舶部品、三菱自動車水島製作所向け自動車部品、三菱重工業三原製作所向け貨車部品の鋳物品から鍛造品、さらに機械加工に展開していく。その後、造船分野に注力していくことになり、七一年に玉原企業団地に工場を新設し、七八年には市内工場も現在地に集約し現在に至っている。

当社は大型ディーゼルエンジン部品の設計、加工、ユニット組立を主力業務としている。五面加工機二台（W二五〇〇ミリ、L六〇〇〇ミリ、H二二五〇ミリなど）、横型マシニングセンター三台（W一五〇〇、L三〇〇〇、H一四〇〇など）、NC旋盤四台（φ一五〇〇、L四〇〇〇など）、NC立旋盤（φ一二五〇、H一二五〇）、NC立中グリ盤、プラノミラー、BTA深孔加工機など、大物機械加工に必要な一連の工作機械・設備を編成している。長尾鉄工は加工外注企業の一社として、玉野事業所のディーゼルエンジン製造に向けた「統合」のベクトルに沿って充実した設備を装備し、重要部品の加工を受け止めてきたのである。当社の仕事の圧巻は、十数トンはあろうかというレース棒の切削加工に見ることができる。

しかし、玉野事業所は加工外注企業の再編・集約化とともに、鋳鋼品のレース棒を含めた重要部品のダクタイル鋳鋼から熱処理、機械加工、超音波検査など一連の工程を構内の子会社による内製化を進めたことから、当社は三井造船向けの仕事からの「拡散」のベクトルを強めていくのである。

### 「草の根営業」の展開と複合能力の充実

これまで「玉野事業所の大型舶用ディーゼルエンジン部品の加工」を存立基盤としてきた長尾鉄工は、充実した工作機械と経験を蓄積した五七人の従業員を前面に押し出し、「大物機械加工技術を活かす」ところに新たな事業ドメインを形成しようとしている。この二年余りは「草の根営業」の時代と称し当社の加工技術を玉野地域外の多方面の市場にアピールしているところにある。

これまでの主力事業であり、自信と誇りを培ってきた舶用ディーゼルエンジン部品の加工に関しては、川崎重工業神戸工場から鍛造品のレース棒の加工を受注したことを契機に同社にシフトしている。当社の営業努力とともに、川崎重工業が長尾鉄工の実績と加工技術のアピールを正しく評価したということなのであろう。さらに、当社の大物機械加工技術を遺憾なく発揮できる分野を求め工作機械メーカー、自動車メーカーへの営業の結果、マシニングセンターなどのオートツールチェンジャー、自動車組立ライン用の部品搬送パレットなどに仕事の領域を広げつつある。

玉野事業所への「統合」のベクトルから「拡散」のベクトルに転換したものの「脱三井造船」の歩みは容易ではない。当社ほどの工作機械・設備と人材を揃え「大物機械加工技術」をアピールできる企業にあってさえ、持ち前の実力を未だ充分に発揮できているようには思えない。一部、川崎重工業が当社の能力を引き出してはいるものの、本来であれば、当社はさらに活用されてしかるべき存在に見える。

内心、忸怩たる思いを高めているであろう長尾鉄工が直面している課題の第一は、自社の特異能力を発揮できる市場にいかに早く参入するかという点である。産業用機械分野は、その重要な目標であろう。そして、当社の加工技術を提供する具体的な顧客は、日本国内のみならず東アジアを中心に世界に存在しているという視野の広がりを持った営業能力の強化が重要と思う。当社が玉野地域を突破し新たに位置付く事業フィールドは日本全国市場を含む世界市場なのである。

第二には、機械設計と加工とともに電気制御設計と組立・配線も受け止めることのできるユニット設計能力が必要であろう。大型産業用機械のユニット部品の加工・組立につなげるためには、部品図面を支給される状況から、ユニット図面を作成・提案する状況への移行がきわめて重要なポイントであろう。

大物機械加工のプロフェッショナルは国内では限られた存在となりつつある。その一員である長尾鉄工が複合能力の充実という課題を乗り超えていくことは、日本の「モノづくり」の基盤を再度、固める取り組みとして期待されているのである。

### (2) 専用機メーカーへの転進（三矢鉄工所）

設計能力を充実させることにより、機械装置のメンテナンス業務および熔接加工業から専用機メーカーへの転進を図ったのが三矢鉄工所である。当社は三井造船玉野事業所に勤務していた現代表者が一九四五年に独立し、児島湾干拓事業に用いる干拓用ポンプや船用エンジンのメンテナンス指定工場として歩み始める。その後、中海干拓事業が着手されることとなり、当社は指定業者の地位を維持するためには島根県の現場近くに工場を展開する必要に迫られた。しかし、玉野地域に残ることにし、五八年より玉野事業所の船舶艤装品、化工機部品の協力工場としてステンレスの製缶・熔接加工に事業の重点を移していく。現在も宇野工業のもとに再編された製缶・熔接分野の協力企業の一社となっている。

とはいえ、当社は「統合」のベクトルに傾斜しているわけではない。玉野事業所とは回転機、ガスタービン、イオン注入装置など造船関連以外の分野で関係を維持しつつ、事業の主力は三菱自動車工業水島工場の一次協力企業として自動車熔接ロボットはじめ、各種熔接ロボット、各種産業用装置の設計・製作などで売上の約七割を占めるものとなっている。

#### 設計能力の強化と次の事業展開の模索

七五年に「動くものを創る」ことを目標にし、玉野事業所設計部門の人材を迎え自動化、省力化装置の設計、製作に着手した。その後、子息が専務として戻り、熔接ロボットを中心とした専用機メーカーとしての基盤を強化していく。九〇年にFAシステム開発センターを設け、現在、二五人が開発・設計に取り組んでいる。FAセンターでは自動車メーカーのモデルチェンジにともなう熔接組立ライン変更に応じて熔接ロボット、治具、周辺装置などの設計・製作を受注している。部品の機械加工の約八割は岡山市周辺の従業員二〜三人の加工業に外注している。玉野地域の工業集積は重切削を得意とし全国を代表する程の技術力があるのだが、当社の求める「細かく、ちょっとした加工に即応してくれる」加工業は少ないと見ている。

一方、本社工場では当社のコア技術である熔接技術の維持・特化にも努めている。ステンレス熔接で一時代を築いた後、八六年に熱間鍛造金型の補修・再生のための硬化肉盛技術を米国ユーレカ社と技術提携し、新たな事業の柱にしようとしている。奥深い基盤技術の一つである熔接加工は「三K」などと揶揄されているが、当社では若い従業員が熔接加工に関心を持って取り組んでいる。

当社は熔接技術・技能の維持・特化に努力しつつ、自社の独自性を地域外の市場に向かいアピールすることによって次の事業展開の方向を探っている。当社の場合、玉野地域内だけでは自社の特異性を充分に主張できないことを良く認識し、インターネットを活用して新たな市場、顧客、外注企業とのつながりを求め「拡散」のベクトルを伸ばそうとしている。

例えば、玉野地域の中小製造業のネットワーク「T―NET」に加わり、地域企業の新たな「連携」を模索し、また、玉野市と姉妹都市である長野県岡谷市の若手グループが運営する「諏訪バーチャル工業団地」と接触し、さらに東京都葛飾区の若手二代目経営者がスタートさせた受発注情報ネットワーク

「エヌシーネットワーク」に加入するなど、自社の「モノづくり」を新たに位置付けるフィールドを拡張しつつある。地域外に事業フィールドを拡張するための道具としてインターネットに注目し、地域外の中小製造業の取り組みを知るにつれ、自社と玉野地域工業の位置を改めて認識することとなる。そうしたとき、個別企業単位で「拡散」のベクトルに向かうとともに、地域を基盤とした中小企業の「連携」のベクトルの重要性が高まっていくこととなろう。

こうした当社の取り組みは、これまで玉野地域中小企業が玉野事業所への「統合」構造のもとで培った大物機械加工の技術蓄積の価値を全国、世界に「拡散」し活用されることを推し進めるものとして注目される。

### (3) 電気制御技術に特化(タマデン工業)

大物機械加工、熔接、組立といった大型機械装置、鉄構造物の製作に集中する玉野地域工業にあって、配電盤、制御盤、計装盤などの電気制御分野を専業とするのがタマデン工業である。一九六六年に三井造船玉野事業所の船舶艤装の電気工事を請け負う構内企業として創業し、七二年に玉原企業団地に自社工場を構え、構内下請から加工外注企業となる。船舶用盤の設計、製作、据付工事を受注していたが、八〇年代の造船不況に直面したことから、陸上設備の制御分野への転換を図った。

当社の「拡散」のベクトルは、富士電機を新たな主力受注先として「海から陸へ」の方向を指向し制御技術に特化していく。富士電機神戸工場が配電盤、制御盤、制御装置の工場であることから、直接、営業に出向き、当社では設計から製作、据付工事、メンテナンスまで対応が可能であることをアピールした。富士電機側では下水道設備の受注が集中している時でもあり、当社の玉野事業所との取引実績からみて信頼できる技術水準を備え、一括発注できる外注企業として歓迎したのであった。

その後、八八年に一次協力企業として富士電機神戸工場協同組合（一五社）に加入し、現在、同組合の理事を務めている。岡山県南地域には盤関係のメーカーが多く競争は厳しい。そうした中で当社は高圧盤を得意とし、最大H二三〇〇ミリ、W一三〇〇ミリまでの製作を可能とし、社内にCAD、NCターレットパンチプレス、NCブレーキプレス、NCシャーリング、各種熔接機などを装備し競争力を保っている。盤の製作では機械加工二社（玉野市ほか）、鈑金加工一社（岡山市）、塗装三社（玉野市、西脇市ほか）、メッキ一社（神戸市）、組立二社（岡山市ほか）の外注企業を編成している。

### 電子システム分野への展開

当社の売上は各種盤の設計、製作、据付で九八％を占め、盤専業メーカーとして一定の存立基盤を構築している。そして、今後の展開の第一は、富士電機以外の盤メーカーに食い込んでいくことである。三菱電機、東芝などの盤を扱うには各メーカーの独自の設計スタイルや指定部品があり、新規参入は容易ではない。しかし、制御技術の専門メーカーとして、さらに展開していくために乗り超えなければならない課題であろう。

第二には、電気制御技術に加え、電子システム技術を追求していくというものである。既に監視装置を商品化した。続いて開発・設計支援ツールに装着することにより動作を高速化するCPUボードを開発し、商品のシリーズ化を進めながら専門誌に掲載し販売につなげている。こうした電子システム商品の売上は、未だ全体売上の二％程度であるが、重電分野を得意とする当社が弱電分野に新たな市場を開拓するために必要な技術蓄積を図り、市場動向を察知する感性を養う上で重要な取り組みであろう。

以上のように、構内下請として船舶艤装の電気工事から始まり配電盤、制御盤等の制御技術を鍛え、盤専業メーカーとしての実力を付けて脱造船を果たしたタマデン工業は、さらに市場、技術分野の「拡散」のベクトルを強めながら新たな課題に立ち向かっている。造船企業城下町の技術体系の中でしっかりとした技術を蓄積した企業は、外側の世界でも正当な評価を得て競争に乗り込んでゆけるのである。そのことを立証した当社のケースは、玉野地域の中小企業の自信と勇気を高めるものとなっている。

## (4) 進出企業の活躍と地域工業の課題（東洋エレクトロニクス／林ケミック）

三井造船の資本参加、部品製作を契機にして玉野地域に進出し、その後、技術人材の受け入れ、代理販売などにより、域外市場で活躍している中小企業の取り組みを紹介しよう。三井造船玉野事業所が存在していることによって玉野地域に進出した外来の中小企業は、当初「統合」のベクトルに沿った動きを示したのだが、その後の経営姿勢は、むしろ「拡散」のベクトルに向かっているのである。

### 磁気カードリーダー、紙幣識別機の開発・生産拠点

東洋エレクトロニクスは、東京都目黒区で防衛庁艦艇向けの無線装置、艦内電話装置、各種センサーを扱っていたタカヤ電機を日東製管（現在、ニッカン工業）が吸収し、一九七四年にニッカン工業五〇％、三井造船三五％、神鋼電機一五％を出資し玉野市に設立した共同出資会社である。本社を目黒区に

置き、工場は玉野市と川越市にある。川越事業所の舶用機器事業部は約八〇人で、防衛庁指定工場として艦艇、官庁船の電気艤装関係、データロギング装置、船舶用電話交換機などで約二〇億円を売上げている。

東洋エレクトロニクス中国事業所では約四〇人で磁気カードリーダー、紙幣識別機、監視警報装置などの開発・製造によって約一〇億円の売上となっている。開発、設計、製造能力を有することから神鋼電機（券売機）、三洋電機（紙幣識別機、両替機）、昭和電工（液体分析機器）などのOEM開発・製造も行っている。全社的な新製品開発は川越事業所の技術部が行っているが、製品化技術や製造技術の開発は中国事業所の開発部門の四人が担当している。

工場の一階ではプリント基板のマウンターを装備し、二階で組立、検査を行い、部品の加工は中国地域の範囲で外注企業を編成している。玉野地域には当社の求める一・五ミリの薄板加工ができるところは少なく、岡山県内の五社の鈑金加工業に依頼している。塗装は玉野市内ほか二社、亜鉛、ニッケルメッキは姫路市、福山市の二社、金属切削部品は玉野市内、岡山市、倉敷市の三社、プラスチック成型部品および電子部品は川越事業所の協力企業から調達している。

以上のように、東洋エレクトロニクス中国事業所は三井造船の陸上部門への事業展開の期待が込められた出資を受けて玉野地域に工場を進出させ、電子応用機器の開発・製造に一定の成果を上げている。ところが、当社の扱う開発製品の顧客や市場は地域外に存在しており、部品の外注加工は大物、重量物加工を得意とする玉野地域中小企業では受け止めることができず、地域外の加工業に依頼せざるを得ない状況となっている。脱造船、陸上部門への展開という方向を指し示したとしても、実際の取り組みにおいては玉野地域内だけでは事業は完結せず、地域外の市場や工業集積との関わりが不可欠であることを当社のケースは物語っている。企業城下町の枠組みを脱し独自の企業経営に挑戦する地域中小企業においては「拡散」の経営指向が不可欠なのである。

## 営業力が支える特殊部品加工

林ケミックの扱う製造品目は船舶、プラント、食品加工設備などの配管や継手に用いるガスケット、樹脂パッキング、エキスパンション（伸縮管継手、各種ジャバラ）である。当社の前身は一九一〇年に大阪に創業した林辰蔵商店である。四三年に三井造船、三井金属鉱業向けの石綿製品販売のため玉野市に林石綿商会を新設し、その後、造船所、石油・化学プラントが集中する瀬戸内海沿岸に営業所を展開していく。七〇年代に水島営業所（倉敷市）、四国営業所（宇多津町）、八〇年代に大分営業所（大分市）、阿南営業所（阿南市）、九〇年代に徳山営業所（徳山市）、徳島営業所（徳島市）を開設している。七九年に三井造船玉野事業所からガスケット製造の引き合いがあり、本社を玉野市に移し工場を新設した。九九年の売上は約一八億円であり、その約半分はガスケット、パッキングが占め、二五％が発電所、プラント、煙突などのメンテナンス業務、二五％が配管材やエキスパンションの販売となっている。このうち、ガスケットの工場生産額は約五億円であり、仕入・販売、メンテナンス業務の占める割合が高い。

工場では特注品が多いガスケットの抜きプレス加工を行っている。プラントなどの据付工事直前の発注が多いため当日受注、翌日納品の短納期にも応えている。また、玉野事業所の技術部長から宇野工業社長、会長を務めた人材を技術顧問として迎え、宇野工業の製造する電力会社やプラント向けエキスパンションや免振煙突の販売代理店となっている。

このように、明治期に石綿製品の販売業からスタートし、日本の重化学工業の発展とともに成長してきた林ケミックは、玉野事業所の「統合」のベクトルに反応し玉野地域に本社を移転し、一時期には玉野事業所向けの売上が六割を超えたこともあった。その後、瀬戸内海の玄関口にあたる玉野地域での立地を活かし造船、石油・化学プラントの集積する西日本エリアに積極的な営業所展開を図り、ガスケット、エクステンションという特殊部材の加工、販売において一定の存立基盤を構築している。その結果、玉野事業所向けの売上比率は約八％となっているのである。

商社機能を充実させ地域外に「拡散」している顧客との関わりを切り拓いている林ケミックの経営戦略は、大型の重量物金属加工という特殊な技術領域で存在を主張できる玉野地域の中小企業に重要な示唆を与えるものであろう。

## 四　企業連携による市場開拓の挑戦

工業構造変革に向かう玉野地域の中小企業は、三井造船玉野事業所に向けた「統合」の動きと、玉野地域外の顧客に向けた「拡散」の動きの間で地域中小企業間の「連携」の動きが発生している。ここでは、玉野事業所の造船事業を支える下請企業により結成された協同組合の新分野進出事業の取り組みと、情報技術の分野で新たな事業を開拓しようとしている中小企業グループの様子を取り上げよう。

中小企業の協同組合や異業種グループなどによる新分野展開は十数年来、数多くの支援制度が仕組まれてきた。また、情報技術に関しては近年「ＩＴ」と称され「ベンチャー企業の創業」と絡めあわせ、あたかも閉塞状況を一気に転換する切り札のごとく扱われている。

しかし、地域の現場での取り組みは必ずしもバラ色のものではなく、多くの課題と困難に直面していることにも目を向ける必要がある。そして、そうした中で意欲と気力を失わず、地域を基礎とした中小企業は「連携」の力を発揮するため努力を積み重ねている。

## (1) 脱造船の努力と困難（協同組合マリノベーション玉野）

協同組合マリノベーション玉野は、一九五五年に設立した任意団体の三井造船請負協同組合を発祥とする。三井造船玉野事業所の建設工事に携わった土木建設、電気工事、資材加工、運送などの地元業者は、造船所の完成後に船舶工事関係の請負業者に転進して三友会、三請会を編成し、このメンバー二六社が参加して協同組合を設立したものである。六六年に協同組合三井造船協力会と名称変更し、六八年に玉野事業所の指導もあり、協力企業群は当協同組合と三井造船玉野協力連絡会に新規会員を加えて三井造船玉野協力会として統合することになった。

協同組合の発足当時、全ての企業は玉野事業所の構内協力企業であり受注依存率も一〇〇%であったが、現在の組合員二〇社は全て構外に自社工場、事務所を構えるまでになっている。構内作業を中心とする二社は玉野事業所への受注依存率七〇~八〇%を占めているものの、その他の企業は三〇~四〇%にまで低下している。日本の造船業は不況業種として構造変革に迫られていることから、協同組合三井造船協力会は失業対策、新分野進出などの各種助成事業の受け皿としての役割を強めていく。

### 新分野進出事業の取り組みと今後の課題

当組合では八三年から岡山県や玉野市の補助金を活用しながら新分野進出事業に取り組んでいる。最初の事業は、八三〜八七年にかけて行った鋼製漁礁と浮消波堤の製造である。続いて、小型波浪・潮流発電装置の試作研究（八八〜九〇年）、浮消波堤の販路開拓に伴う広告宣伝と調査研究（八八年度）、キノコの販路開拓に伴う広告宣伝と調査研究（八九年度）の共同事業に取り組んできた。

しかし、バブル経済の発生、製造業の海外進出に伴う海運業界の活況などにより、造船業界も受注残高を伸ばしたことから、最盛期には協同組合企業から造船所構内に二万人もの労働者を送り込む状況となった。この間、各社は本業が忙しく協同組合の新分野進出事業は休止状態であったと推察される。ところが、好況は長くは続かず、企業城下町の工業構造変革も充分に進まない中で再度、厳しい造船不況に直面したのである。

新たな事態へ対応するために、九七年に組合名称を協同組合マリノベーション玉野に変更し、それまで玉野事業所構内に置いていた組合事務所を玉原企業団地内の玉野市産業センターに移転した。そして、心機一転してペットボトルリサイクル事業に着手した。この事業は容器包装リサイクル法の施行をにらみ九七〜九八年度にかけて玉野市、岡山県の補助金を活用し、ペットボトルの小型粉砕機の開発・販売と粉砕工場の経営に展開している。こうしたリサイクル事業は全国各地で見られるが、利益を上げるまでに至らないところが少なくない。この組合事業においても同様の課題に直面しているように見える。

このように、八〇年代から脱造船を目指し新分野進出事業に取り組み始めたのだが、造船好況期には再び造船への「統合」のベクトルに流れた後、不況期に突入しその対策に追われてきた。そして現在、造船業界再編が進められ一部に持ち直し気運が語られる中で再々度、同じ動きが繰り返されるのか、あるいは新分野進出事業にさら踏み込んでいくのかが注目される。実際のところ、造船が受注回復のサイクルに入ったとしても親会社では協力企業の再編を進めたことから、一〇年前と同じ「統合」のベクトルが働くとは思えない。協同組合のメンバーは、ここで「連携」のベクトルを維持し新分野進出事業を真に完成されたものにしていくことが求められている。

### (2) 情報技術活用による新たな事業創出の期待（日本情報管理システム）

情報通信技術の著しい進展と情報端末の普及に伴い、これまでの生産体系、流通・販売体系が大きく変革している。そうした中で「情報」は、産業、地域社会などにとって極めて重要な資源として扱われるようになっている。「情報」を処理、加工、生産し、流通、消費させる様々な新たな産業が創生している。玉野地域においても「情報」を基軸にして、従来では見られなかった業種、業界の中小企業の「連携」の動きが始まっている。

日本情報管理システムは、三井造船玉野事業所の構内下請企業としてスタートした山根船舶工業の電算部門が独立創業したものである。現在、システム開発部門に五二人を擁し、総勢六二人の陣容となっている。情報処理業務と各種アプリケーション・ソフトウエア開発、システム開発を主力業務とし、岡山県内および東京の企業をメインユーザーとしている。地元企業からの受注は三井造船向けのコンテナ・オペレーションソフトウエアの開発、玉野事業所の協力企業からの受託計算業務などである。九九年の売上は約六億円、そのうちソフトウエア開発が約二億円を占めている。かつては売上の約半分が玉野事業所関連であったが、現在は三〇～四〇％となっている。

## 「モノづくり」における情報技術活用の模索

ところで、玉野地域には急速な情報技術革新に関心を高めている企業九社が「情報処理協会」を設立している。コスモ情報システム（ソフトウエア開発、システム設計）が会長を務め、三井造船システム技研（ソフトウエア開発、システム設計）、東洋エレクトロニクス中国事業所（電子応用装置開発）、猪熊（コンピュータソフトウエア開発）、大熊製作所（システム設計、金属切削加工）、タノムラ（金属切削加工、熔接加工）、大賀（パソコン教室）、塩飽経営研究所と当社をメンバーとする任意団体である。比較的若い経営者が多く、鉄を扱う「モノづくり」技術と情報技術の接点に新たな事業展開の可能性を模索している。

玉野地域では玉野テレトピア構想の下で倉敷ケーブルテレビなどのCATV網を活用しつつ地域の情報化を推進しようとしている。こうした中で玉野市と情報処理協会では、宇野商店街など地域商業界から要望が出されたインターネット・ショッピングモールに関する事業化調査に取り組み、簡易情報端末の開発などについて検討が進められている。

当社をはじめ情報処理協会のメンバーは、情報技術活用への関心を高めているものの「モノづくり」に情報技術をどう活用していくかというテーマについては模索中の段階にある。この点、全国の「モノづくり」地域でも様々な実験や挑戦がなされており、共同受発注システム、図面、動画などの情報流通システム、自社や地域の「モノづくり」のアピールなどに情報技術を活用しようとしている。そこで語られていることは、情報技術を活用した新たな「モノづくり」において活躍できる企業、地域は、自社の技術や経営の「コア」や、地域の明確な「アイデンティティ」を持ち、それを相手に正確に伝えることができる能力が不可欠だ、ということである。

こうした認識を深めていくために、地域外から自社や玉野地域を見つめ直し、全国、世界における自社の新たな位置を再確認する必要がある。地域内での「連携」の動きを、さらに地域外で同様取り組みを進める企業グループや地域との「連携」へと拡張し、お互いの意識を高めていくことが有効であろう。

## 五 「モノづくり」地域のアピール

以上でみてきたように、地域中小企業の変革への取り組みには「統合」「拡散」「連携」の三つのベクトルが観察された。いずれの方向の前途にも容易ならざる困難が待ち受けているのであろうが、可能性も拡がっている。それぞれの方向に向かう中小企業は、改革の意欲と努力を失わない限り新たな地平を切り拓いていくものと思う。地域工業構造の変革は、そうした中小企業の取り組みによってこそ推し進められるものなのであろう。

そして、変革の時代にあっては、意欲をもって新たな方向に向かっていく中小企業に対し「地域」がいかに積極的に関わりサポートしていくかが重要である。大企業の事業所と比べ中小企業の経営は地域行政、地域社会、市民といった「地域」の関わりが大きく影響する。玉野地域は、独自の展開に踏み出す中小企業を積極的に応援することにより「地域」の新たな可能性を高めていくことが期待される。

地域中小企業の構造変革の取り組みは「地域」の問題でもあるとする視点から、以下では今後の地域中小企業に期待する構造変革への取り組み姿勢と、地域行政に期待する役割について考えてみる。

## (1) 地域中小企業に期待する姿勢

今後、地域中小企業に期待する構造変革への取り組み姿勢として次の三点を示したい。第一には、この変革期において客観的な自己認識を図ることである。これまで自社が蓄積してきた技術や技能、「モノづくり」の世界で担ってきた役割を、今後、展開しようとする事業フィールドに改めて位置付け直し、新たな自己認識を形成することである。自社の活動範囲や活動領域、あるいは存在領域を見つめ直すことと言ってもよい。

玉野地域の多くの中小企業は、これまで玉野事業所との関わりにおいて自社や他社を位置付ける傾向が強かったと思えるが、そうした自己認識に加え地域外の全国、世界の「モノづくり」との関わりにおいて自社はどんな存在となっていくのかを明らかにしていくことが期待される。造船を支える「統合」のベクトルを選択した企業にあっても、国内外における造船業界の大競争にしのぎを削っている親会社との関わりを深めるからには、自社が同様の世界でどんな存在になっていくのかを明確に意識することが必要であろう。「拡散」や「連携」のベクトルに踏み出す企業群あってはなおのこと、代表者、社員全員が、それぞれの方向に広がる地域外の世界で自社はどの位置にあるのか、どの位置を占めようとするのかという認識を共有することが不可欠である。

そのためには、目指すべき活動範囲や領域の域外企業への営業活動の強化や展示会への参加、域外企業との交流や他の「モノづくり」地域の視察など積極的に地域外の現場に触れていくことが重要である。メーリングリストなどの情報ネットワークに参加することも有効であろう。「他者を知ることにより自己を識る」姿勢が期待される。

第二には、自社の力量をわかりやすく正確にアピールすることである。自己認識を図り、新たな事業フィールドにおける現在の自社の位置が明らかになれば、今後、乗り超えるべき課題も明確になろう。そして、明確になった課題に立ち向かい、自社の新たな位置を確立しようとする時、これまで造船を支えてきた技術や技能、経験の蓄積は重要な要素として活かされるであろう。それは、先行して「拡散」のベクトルに向かい独自の展開を図っている企業の取り組みを見ても明らかである。

「大物・重量物の高精度、重切削加工」などの力量は、おそらく、それらを担う中小企業自身が思っている以上に全国、世界で求められ評価され得るものと思う。こうした分野の「モノづくり」で深い経験と技術、技能の蓄積がある中小企業は容易に生まれるものではなく、世界レベルで見ても、その存在価値はさらに高まっていくと考えられる。自社の技術、技能と経験の蓄積に自信と誇りをもって課題に立ち向かっていって欲しい。

そこで重要な点は、そうした技術、技能と経験の蓄積を他者が正確に理解し評価できるような「表現力」を備えることである。相手に理解され評価される情報を、いかに広く素早く提供するかを考えなくてはならない。例えば、活動領域が世界ならば各国語による技術や経営情報の公開は不可欠であろう。

情報伝達の道具としてインターネットなどは大いに活用できるものであろう。「阿吽の呼吸」や「黙っていてもいい仕事は理解される」という世界は限られているのである。積極的な自社アピールの姿勢が期待される。玉野地域の中小企業にはアピールする素材は豊富にある。それを「表現」する能力が問われているのである。

第三には、「地域」との関わりをさらに深めることである。基本的に玉野地域の中小企業の独自展開は地域外に向かい、地域を超越することが当面の課題となっていこう。そして、そうした取り組みには情報通信技術の活用がポイントとなっていこう。今日、ＩＴ革命、バーチャル時代といわれているが、金融や情報を扱う産業とは異なり「モノづくり」に関わる産業は、リアル（現実）の世界から遊離して存立することはできない。中小企業の「モノづくり」は地域を超越しながらも、自社が存立する意味を培う「場」が必要である。存立する意味がある「場」を持たない「浮き草」や「渡り鳥」的な企業は、短期的な利益拡大に成功したとしても尊敬される存在にはなり得ない。玉野地域の中小企業においては地域外に活動領域を展開することが求められているが、同時に「地域」に根を下ろして外の世界と切り結んでいく姿勢が期待される。

玉野地域の中小企業と「地域」の関わりで重要だと思われる点は「地域」に育ち、「地域」で働き生活を構築していこうとする若者の教育に関わっていくこと、また、元気で意欲のある高齢者が「地域のモノづくり」に正しく位置付くことに関わっていくことではないかと思う(2)。そうしたことに関わる姿勢は企業の存在意義を高め、ひいては中小企業の生存環境を整えていくことになろう。

## (2) 地域産業行政に期待する役割

「地域」の経営を担う地域行政に期待する役割については次の二点がある。第一には、「造船のまち」を転じ「高精度重切削、大物重量物加工地域」であることを地域内外に明確に主張することである。それは、企業城下町といわれる地域社会と地域工業が培ってきた八〇年間の「モノづくり」の蓄積を決して否定するものではない。これまで造船に傾斜した「モノづくり」を継続し、今後も継続していくこと、新たな方向に向かう中小企業を盛り立てる地域であることを地域産業行政の姿勢として広くアピールすることが重要である。

そのような地域行政の姿勢とアピールは、地域中小企業が地域の外に向かい新たな状況に挑戦する時の大きな気持ちの支えとなろう。挑戦に敗れ、一時、前面から退いている企業もあるのだが、挑戦する気概、再挑戦する意欲を評価し盛り立てていく地域であって欲しい。

第二には、地域経済全体の変革期であることから「地域を経営する責任者」として地域工業に対して積極的に行政関与を深めることである。従来の国、県が指し示す産業政策の方向や行政関与のあり方に沿うだけでなく、基礎自治体として地域中小企業の現場の実態を充分に把握し、地域産業政策の方針や地域行政の関わり方を自らが意思決定し、市民や議会の了解を得ていくことが必要である。

例えば、個々の中小企業の新たな挑戦に対して、これまでは「公平の原則から個別企業へのサポートはできない」などとされてきたかもしれないが、むしろ、先行して挑戦する個別企業の動きを新たな地域工業構造を創造するものとしてサポートし、その内容、経過、結果を広く市民や地域外に問いかけていく姿勢が期待される。

また、地域中小企業の「拡散」「連携」のベクトルには、地域を超越するというコンセプトを秘めており、彼らが活躍する事業フィールドは玉野地域を含むさらに広い世界である。地域産業政策においても地域を超えた「広域産業政策思考」を備える必要がある。(3) そして、地域産業行政は、地域を超えて突破口を切り拓こうとする中小企業の挑戦意欲が弱まり、あるいは失われる時が「モノづくり」地域の終焉となることを銘記し、この時期に独自の展開に踏み出す企業が次々と名乗りを上げやすい地域環境を創ることを強く期待されているのである。

(1) 玉野商工会議所『玉野地域工業活性化ビジョン策定事業調査報告書』一九九六年。

(2) モノづくり地域の高齢者雇用については、西澤正樹「地域産業における高齢者雇用のあり方」(『高齢社会における地域産業・中小企業のあり方に関する調査研究』財団法人産業研究所、一九九九年)を参照されたい。

(3) 基礎自治体の広域産業政策に関しては、西澤正樹「中小機械工場の広域展開と地域産業政策」(『大転換する市場と中小企業』日本中小企業学会編、一九九八年)を参照されたい。

# 終章　企業城下町からの飛躍

以上、ここまでの章を通じて、三井造船玉野事業所を軸に独特な企業城下町を形成してきた岡山県玉野市に注目し、「ポスト造船」と言われる中で、地域産業、中小企業がどのような状況に置かれており、どこへ向かおうとしているのかを見てきた。当然、企業城下町の問題は、特定大企業に直接関連する中小企業、製造業だけの問題ではなく、地域の中小商店、商店街、納入業者、労働者、市民、学校、自治体などにも幅の広い影響を与えていることは言うまでもなく、私たちは、それらの全体を議論していかなくてはならない。ただし、それだけの議論をするには相当数の専門家の動員と、地域あげての意見交換の場を多方面に用意していかざるをえない。それだけの仕事を自主研究である私たちに出来るわけもなく、ここまで、地域産業、中小企業、特に製造業に限定し、問題の掘り起こしを進めてきた。より幅の広い議論は、地域の人びとによって改めて行っていって欲しいと思う。本書がその一つの契機となるならば、それにすぐる喜びはない。

そうした点も意識しながら、本書を締めくくるこの章では、ここまでの議論を受けながら、企業城下町の玉野のこれからの向かうべき方向を見定めていくことにしたい。バブル経済期に計画された「観光リゾート開発」が思わしくない状況にある中で、玉野の向かうべきは、地域に蓄積されている経営資源を見直す所にある。その場合、玉野の最大の地域経営資源とは、企業城下町の長い歴史の中で形成されてきた特異な「地域技術」「重機械金属工業技術」であることは言うまでもない。そして、もう一つの地域経営資源とは、企業城下町の時代から地域に住まい、その盛衰を身をもって経験してきた「玉野の人びと」であろう。特に、地域の経営を担うべき立場にある市役所、商工会議所等の経済団体、そして、地域の中小企業経営者は、玉野のポスト企業城下町の時代をいかにしていくかという責任ある立場にある。そうした人びとが、この「踊り場」状態をどう切り抜け、どういう方向に地域を導いていくかが問われているのである。

したがって、ここからの議論は「地域産業の方向をどこに見定めるか」ということと、もう一つ「人びとがどう取り組むか」という点にかかっていることは言うまでもない。

## 一　地域産業としての方向

先の第二章でも見たように、一九九六年に提出された『工業活性化ビジョン(1)』は地域の関係者の総力を結集したものであり、「地域技術」に対する適切な評価と、玉野地域工業の「重機械金属工業集積」の可能性と課題を明らかにしたものであった。ここから、玉野の地域産業に関わる人びとの意識が大きく変わっていったように思う。

### 「地域技術」としての重機械金属工業基盤

玉野の最も注目すべき「地域技術」は、造船、大型ディーゼルエンジン生産で鍛えられた「重機械金属工業基盤」である。これを最大の特色として、世間に玉野の存在をアピールしていくことが必要である。特に、長い間、特定企業を頂点とする企業城下町に閉塞されていたことから、そうした「重機械金属工業基盤」の実力は隠されたものであった。そうした「重機械金属工業基盤」の実力は特定企業に育成され、そして統合されていくという性格のものであり、他に知らしめる必要など全くなかった。そのため、全体としての「地域技術」が相当のものであるにも関わらず、他地域との相対で自らの位置を十分に理解できていない。要は企業城下町時代に身に着いてしまった依存心が大きく、「自立」することなど考えたこともなく、さらに、地域全体としての「地域技術」という発想が生まれていないのである。

それはまさに企業城下町における中小企業の「心の問題」ということになろう。

玉野のような閉塞された地域で、「自立」は他を無視することではない。「自立」したどうしがお互いに認めあい、相互に高めあえて初めて「地域技術」として力の結集を実現できるのである。個々には力があるのにも関わらず、全体としての「力」を発揮できないのは、まさに企業城下町企業の「心の弱さ」にあると言ってよい。

冷静に自分と周囲を観察してみれば、『工業活性化ビジョン』が指摘したように、重機械金属工業の優れた部分と、脆弱な部分が見えてくる。個々の力を結集して、強い部分をさらに強め、弱い部分を補うために地域全体で育成する、あるいは強い地域と連携するなどの模索が必要であろう。それには、当然、地域工業全体の共通の認識が必要であり、ベクトルが揃うことが前提となることは言うまでもない。

この点、『工業活性化ビジョン』以降の九七年秋、東京ビッグサイトで開催された「中小企業テクノフェア」に玉野商工会議所が中小企業を引率して初参加したことは、関係者にとっては大きな刺激であったようである。玉野は長さ五メートル、重量三トンという世界最大級のディーゼルエンジン部品を持ち込んだ。世間にはこうした巨大な精密部品の現物を見たことのある人はおらず、「軽薄短小」部品がずらりと並んだ中でひときわ際立ち、大きな注目を集めたとされている。こうした活動を続けることが、玉野の「地域技術」への周囲の認識につながり、また、地域の中小企業にも新たな視野が切り開かれていくのである。是非、そうした活動を継続していって欲しいと願う。さらに、玉野に人びとを呼び込み、何トンもの巨大な金属の塊がゆっくりと回転しながら削られていく姿などを見れば、人びとは感動し、玉野への関心はいっそう高まることは間違いない。

この十数年、玉野は他の地域とあまり変わらない自然資源と中途半端なリゾートで人を呼び込もうとしているが、造船所の「巨大な船台」や、玉野の本物の圧倒的な「重機械金属工業」の現場の方がはるかに人を魅きつけることになる。さらに、玉野の瀬戸内海の「幸」の豊かさは、人びとをとりこにすることは請け合いである。地元の人びとは、そうした日常的なことにはほとんど関心を寄せていないが、二一世紀のツーリズムの関心は、そうした所に向くことは間違いない。要は「本物」が求められているのである。

### 個々の中小企業の向かうべきは

以上のような新たな枠組みを意識する場合、個々の中小企業は事業展開上、どのような方向を向けばよいのか。この点は、先の第七章で具体的なケースを用いながら論じたが、一つは、地域の基幹的な企業である三井造船に自社の経営の方向を「統合」させるという方向であり、第二は、自社のコア技術を明確にし、域外の市場に新たな可能性を求めるという「自立」的、かつ「拡散」的な方向であり、そして第三に、協同組合や若手経営者によるネットワーク形成などを通じて新たな可能性を模索するという「連携」の方向であろう。

いずれの方向にも可能性と難しさが横たわっている。ただし、座して何もしないならば、事態の改善を期待することはできない。どちらかの方向を見定め、強い意思のもとに踏み込むことが不可欠である。むしろ、そうした「自発的な意思」を身に着けてこなかったことが企業城下町の中小企業の最大の問題なのであり、それは日本の中小企業全体の問題にも一脈通ずることにもなる。是非、問題が最もシャープに現れている企業城下町の玉野からの一歩が期待される。それは、日本の中小企業全体に大きな勇気と希望を与えることは言うまでもない。

また、全国の企業城下町、地場産業地域の中小企業と付き合っていて痛感することなのだが、いかに「地域の常識」から自由になれるかが最大のポイントであるように思う。地域には長年の繁栄の中で独特な「地域の常識」というべきものが根を張っている。例えば、玉野の場合では「造船は二〜三年好況が続くと、三〜四年は不況の繰り返しで、不況の時は身を縮めていれば、そのうち三井造船がなんとかしてくれる」、「良い仕事をしていれば、仕事は自動的に来る」、「地域の中で何とかなる」などの考え方が身に染みついている。だが、造船を取り巻く状況はさらに厳しく、「三〜四年待っても仕事は来ない」、「良い仕事をしていても、誰も知らず」、そして「地域の中には仕事は無い」のである。「地域の常識は世間の非常識」ということを深く銘記すべきである。

むしろ、現状を突破するためには、「地域の常識」の逆を模索すべきであろう。世間の荒波に自ら出ていって、「細かな仕事を拾う」、「新たな技術に貪欲になる」、「多様な異業種の企業と付き合う」などが不可欠であろう。事実、各地の企業城下町や地場産業地域で成功している中小企業の多くは、「地域の常識」から自由になったところであることに気づく。[2] 是非、ぬるま湯の玉野から、一歩外に出て、冷静に自らのあり方を振り返って欲しいと願うばかりである。

## 二　関係者の取り組むべき方向

先の『工業活性化ビジョン』は玉野地域産業の活性化の「基本方向」として、①加工機能の専門化、②既存資源のネットワーク化、③新技術・新分野への取り組み、④人材の育成、を掲げている。これらは、いずれも当面の玉野地域の工業活性化に不可欠なものである。そして、これを受けて、図終―1に示したように、コア・プロジェクトとして、①企業情報のCD―ROM化、②企業間イントラネットの構築、③設備投資・新分野進出支援制度の充実、④エンジニアリング企業・研究機関等の誘致、⑤「玉野地域産業振興センター（仮称）」の整備、⑥技術経営相談機能の強化、などが指摘されていたのであった。

図終—1　玉野市の産業集積活性化対策のフレーム

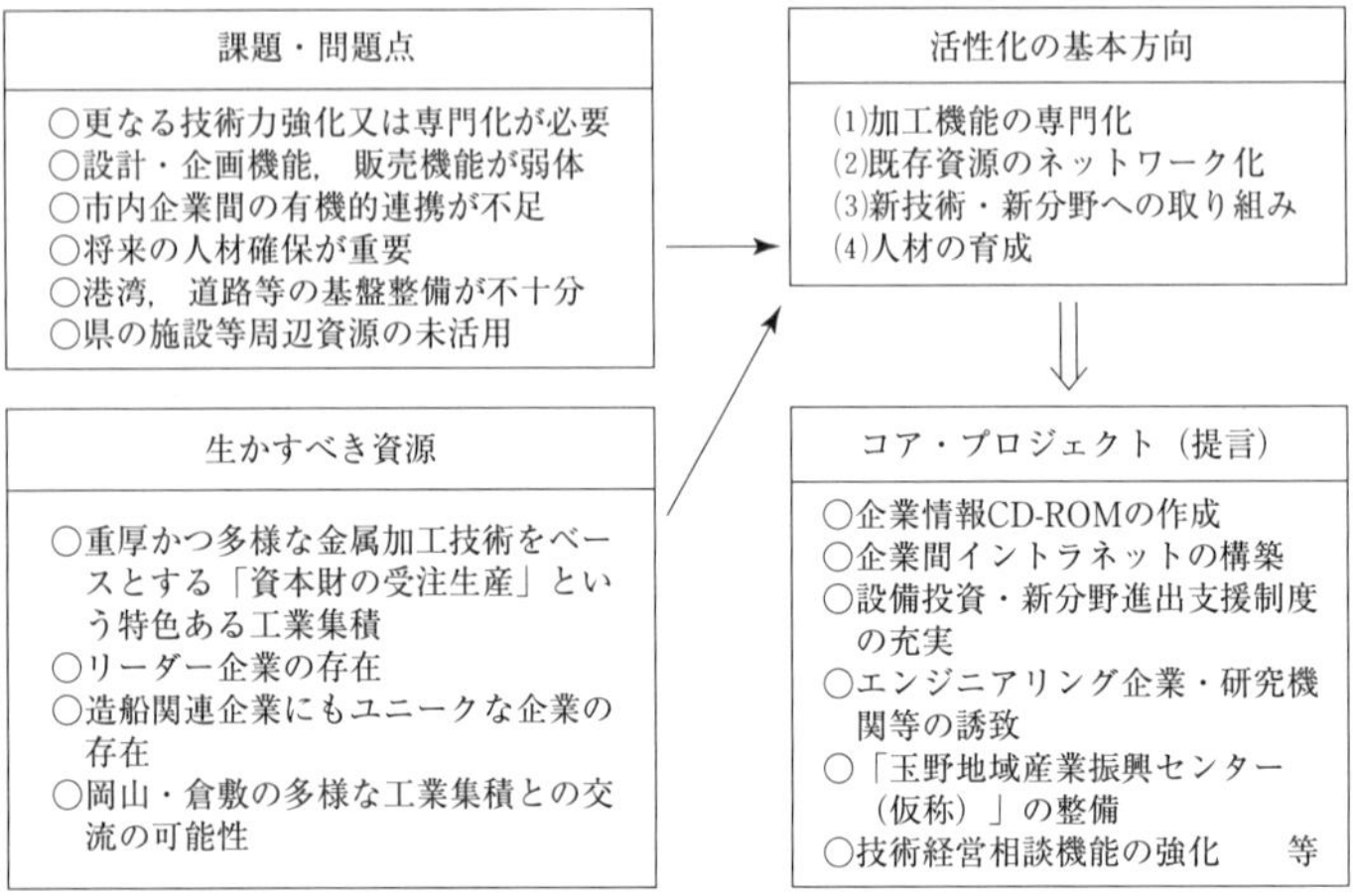
課題・問題点
○更なる技術力強化又は専門化が必要
○設計・企画機能，販売機能が弱体
○市内企業間の有機的連携が不足
○将来の人材確保が重要
○港湾，道路等の基盤整備が不十分
○県の施設等周辺資源の未活用
活性化の基本方向
(1)加工機能の専門化
(2)既存資源のネットワーク化
(3)新技術・新分野への取り組み
(4)人材の育成
生かすべき資源
○重厚かつ多様な金属加工技術をベースとする「資本財の受注生産」という特色ある工業集積
○リーダー企業の存在
○造船関連企業にもユニークな企業の存在
○岡山・倉敷の多様な工業集積との交流の可能性
コア・プロジェクト（提言）
○企業情報CD-ROMの作成
○企業間イントラネットの構築
○設備投資・新分野進出支援制度の充実
○エンジニアリング企業・研究機関等の誘致
○「玉野地域産業振興センター（仮称）」の整備
○技術経営相談機能の強化　　等

資料：玉野市

### T—NETの取り組み

『工業活性化ビジョン』に最も敏感に反応したのが、玉野商工会議所であり、九六年一二月には、中小企業一九社で「玉野受注企業共同体情報システム（T—NET）」を立ち上げた。これは、インターネットを使って会員どうしで設備や稼働状況などを公開し、地域に来た仕事は外に逃がさないを原則に、互いに仕事を融通しあおうというのである。一般公開のホームページと会員だけに向けられた専用ホームページから構成されている。一般用は会社概要、得意技術などを載せ、全国に発信している。会員専用は各社の詳細な設備一覧、機械ごとの現状の稼働率を載せ、相互補完が可能な環境を形成している。

　現在では、こうしたインターネットを利用した共同受注グループが各地で形成されているが、このT—NETはかなり早い時期から始めたものであった。現状、少しずつ仕事が舞い込んで来ている程度だが、参加者の間からは「以前は顔見知り程度であったが、

Ｔ─ＮＥＴを契機に、どんな設備があるかなどがよくわかるようになった。ただ、二〇社前後では少なすぎる」などと報告されている。現状、各地の取り組みをみても、ホームページに載せたからといって、すぐに受注につながるわけでもなさそうである。当面はお互いを知る機会になったことが最大の成果とされている。将来的にはネット取引などは当たり前になることも予想され、Ｔ─ＮＥＴの先行的な取り組みは、地域にとっても大きな蓄積になることが期待される。

また、このＴ─ＮＥＴに加え、玉野商工会議所は九七年一〇月、「瀬戸内のテクノフロント・玉野」というＣＤ─ＲＯＭを作成した。これは、販路の拡大を意識して、玉野市内の製造業、情報産業の三四〇社を掲載している。見本市等で配付し、玉野の地域産業の紹介に役立てたいとするものである。

このように、『工業活性化ビジョン』以降、玉野は視野を全国に拡げ、新たな可能性の追求に一歩踏み出したのであった。ただし、こうした活動も地道で継続的な取り組みが必要なのだが、最近はややトーンが低下している。最大の理由は、この一連の仕事をリードしていた商工会議所の人材（立花昇氏）が退職し、地域全体としてもエネルギーが持続できていない点にあるように見える。Ｔ─ＮＥＴの会員企業からも「貴重な人材だった」との声も聞こえてくる。地域産業振興は、命懸けで取り組む「人材」がいない限り前に進まない。自治体、会議所、あるいは中小企業の若手経営者などの中から新たな「人材」が登場して来ることが期待される。

### 産業振興公社と産業振興センター

玉野市は九七年四月には「工業振興条例」を制定し、新ビジネス発掘事業補助、オンリーワン企業育成支援事業補助、中小企業チャレンジ設備導入補助などの新たな事業を市単独で整備した。さらに、玉野地域の産業振興を促進していくために、官民一体で㈶玉野地域産業振興公社（出捐金一億円、玉野市七千万円、灘崎町千万円、商工会議所等二千万円）を九九年三月に設立している。この設立趣旨は、玉野地域の産業振興のため、「総合相談」「交流・情報発信」「技術サポート」「人材育成」を四本柱に据え、さらにこれから建設される「産業振興センター」の管理運営も行うとされていた。いわば、産業振興公社は、玉野地域の産業振興の中心的な存在として期待されてスタートしたのであった。

また、産業振興センターについては「来るべき二一世紀に向かって、玉野の商工業・観光など各産業は、地域資源や企業集積の活用とネットワーク化、新技術分野開拓などに取り組む必要があり、人びとが集い、知恵を育む、魅力的な拠点づくりが必須であります。……新しい『玉野地域産業振興センター』は、地域企業と産官学の真の連携と交流の場となり、二一世紀の玉野を切り開く中核施設であり、その早期実現が切望されます」(3)と期待されている。

この産業振興センターに関しては、先の『工業活性化ビジョン』に提言があり、また、玉野地域が『地域産業集積活性化法』の指定地域（九八年七月）となったことが追い風となって実現に向かっている。いわゆる「集積活性化支援施設」であり、宇野港第一突堤に計画中の産業振興ビル内に、先の「総合相談」以下の四つの機能を有する「玉野地域産業振興センター」を整備するというものである。

### 産業振興センターの主要事業

産業振興センターが実施する四つの主要事業に関しては、以下のように述べられている。

図終―2　玉野地域産業振興センターの輪郭

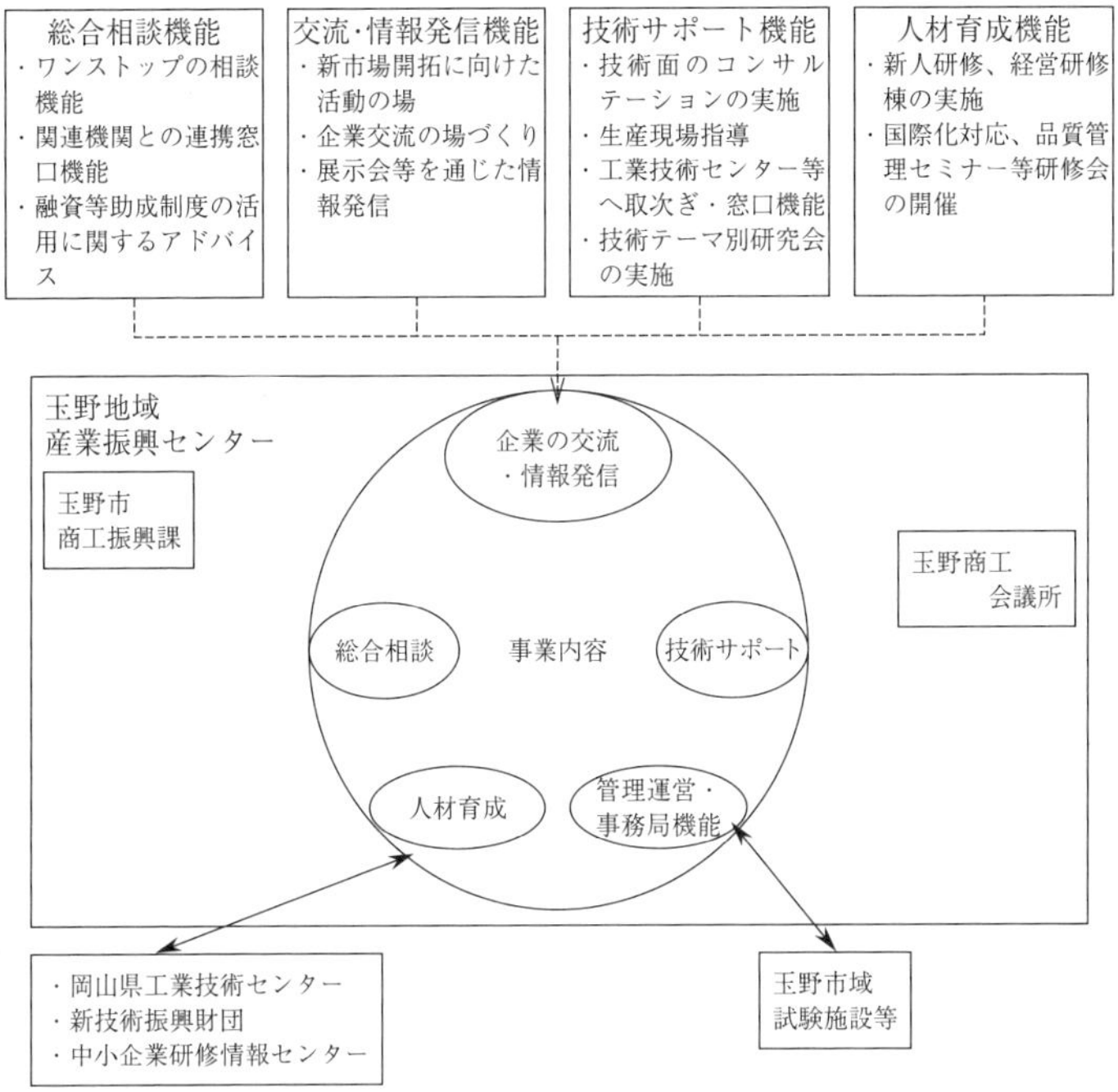

総合相談機能
・ワンストップの相談機能
・関連機関との連携窓口機能
・融資等助成制度の活用に関するアドバイス
交流･情報発信機能
・新市場開拓に向けた活動の場
・企業交流の場づくり
・展示会等を通じた情報発信
技術サポート機能
・技術面のコンサルテーションの実施
・生産現場指導
・工業技術センター等へ取次ぎ・窓口機能
・技術テーマ別研究会の実施
人材育成機能
・新人研修、経営研修棟の実施
・国際化対応、品質管理セミナー等研修会の開催
玉野地域産業振興センター
玉野市商工振興課
企業の交流・情報発信
総合相談
事業内容
技術サポート
人材育成
管理運営・事務局機能
玉野商工会議所
・岡山県工業技術センター
・新技術振興財団
・中小企業研修情報センター
玉野市域試験施設等

資料：玉野市

① 総合相談

・専門の技術相談員を配置し、総合的な技術相談に応じると共に、工業技術センター、岡山大学地域共同研究センター等への紹介・取次ぎ支援を行う。

・センター運営事務局に加え商工会議所、市商工振興課が入居し、各種支援制度に関する手続き等がワンストップで済ませることが出来るようにする。

・大企業OBや他地域の企業OBのメンバー登録を行い、生産現場の指導や助言等が可能となる人材登録システムを構築する。

② 交流・情報通信

・各企業が意見交換、情報交換等に自由に利用できる場（交流サロン）を提供し、地域内の異業種交流等の機会創出を通じ、企業間の横の連携を作るための活動を行う。

・T―NET等を活用した新規顧客開拓に向けて、事業者が連携して活動する場とする。

・東京や大阪での展示会への出展等を通じた情報発信を行う。

③ 技術サポート

・玉野地域の協同組合や企業グループ等が市の助成制度等を活用して新分野に進出したり、新技術開発を行う場合に、工業技術センター、岡山大学等と連携してテーマ別研究会を開催し、研究開発の支援を行う。

・情報コーナー、情報窓口を設け、工業技術センター、大学や大手企業研究所等の情報導入を図る。

・市内の試験施設（㈱三造試験センター、三井造船玉野研究所）等の試験・検査機器利用に係る支援制度を設ける。

④ 人材育成

・若手技術者の教育研修、品質管理セミナー等を開催し、熟練技能の継承や若手層の技能啓発等を支援する。

・商品企画・マーケティング等に関する研修を実施し、新分野・独自分野の開拓を促進する。

(4) 以上のように、玉野地域産業振興センターの計画は、これまでの全国の産業支援施設の経験を受け止め、さらに、岡山県、玉野地域の固有の条件を加味したものになっている。特に、独特なものとしては、大企業ＯＢの登録、活用、さらに、市内大企業の試験施設の公開と利用などが指摘されるが、これらは三井造船の存在抜きでは語れない。また、岡山県は水島工業地帯の川崎製鉄の試験・検査機器の開放利用という経験を積み重ねてきたことが、発想の原点になっている。[5] 企業城下町ならではの「産業振興センター」ということができよう。また、岡山県では空港に近接した場所に「岡山リサーチパーク」を建設し、工業技術センターとテクノポリス財団、そして岡山大学の地域協同研究センターを一カ所に集結させており、産学官の連携の蓄積を進めている。[6] こうした実績が、やはりこの玉野の産業振興センターの計画に色濃く反映されていることも大きな特徴であるように思う。是非、この計画を積極的に推進し、センターが求心力の豊かな施設として成長していくことを期待したい。

### 新たなリーダーの登場と求心力への期待

『工業活性化ビジョン』以来、玉野は新たなステージに立ちつつある。商工会議所主導でスタートしたＴ－ＮＥＴ、玉野市による「工業振興条例」の制定、㈶玉野地域産業振興公社の設立、そして玉野地域産業振興センターの計画推進など、一気に環境整備が進められつつある。それだけ「ポスト企業城下町」への危機感が深まっていたのであろう。『工業活性化ビジョン』後の数年のうちにこれだけの環境を整備したことは称賛に値する。ただし、こうした新たな環境整備に「魂」を入れるのは関係する人びとの「思い」の結集であることは言うまでもない。

この点、これまでをリードした前玉野商工会議所専務理事の立花昇氏が一線を退いて以来、地域の関係者の集中力がやや拡散しているようにみえる。この数年の不況が気持ちを萎縮させたのかもしれない。

二〇〇〇年四月からは、三井造船の外注の再編成が実施され[7]、事態はさらに厳しいものになっている。明らかに、中長期にみるならば、多くの地域の中小企業は自立的な歩みに踏み出していかざるをえない。その場合、先のT—NETや産業振興センターは、地域における中小企業の重要な「心の拠り所」となることは疑いない。信頼される、期待されるT—NET、産業振興センターとして育っていくことが不可欠なものとなっているのである。

事態がそうした所にあるとするならば、地域の中に新たなリーダーが登場し、全体を牽引し、地域の産業振興に関連する人びとの「心」を一つの方向に集中させていかなくてはならない。市役所の若手、会議所等の経済団体の若手、中小企業の若手経営者、二世などの中から、新たなリーダーが登場して来ることが待望されている。そして、「志」を高めた数人の集団が形成され、地域の関連する人びとに深く語りかけ、新たな「希望」を抱けるような雰囲気を形成していくことが望まれる。七〇年代中頃以降、玉野の中小企業には大きなストレスがたまっている。そのストレスをプラスに転じて「新たな力」にしていくためには、地域を愛し、地域と心中するほどのエネルギーを身に着けた若い力の登場と結集が不可欠である。玉野のこれからの数年は、お互いに語り合い、自らの位置を確認し、エネルギーを蓄積していく時期なのかもしれない。そして、その先には新たな魅力的な地域産業が活発化する「玉野」が展望されていくことになるのであろう[8]。『工業活性化ビジョン』に携わっている頃の気持ちの高まりを思い起こし、関係者は自分の問題として一歩を踏み出していくことを希望する。自分たちの街は、自分たちの手で作っていく時代なのである。

（1）玉野商工会議所『玉野地域工業活性化ビジョン策定事業報告書』一九九六年。

（2）こうした「地域の常識」から脱却して、個々の中小企業が独自な可能性を見出したケースとしては、スプーン、フォーク等の金属洋食器産地の新潟県燕が注目される。それらの具体的なケースは、関満博・福田順子編『変貌する地場産業』新評論、一九九八年、を参照されたい。

（3）立花昇「玉野産業振興センターへの期待」（『山陽新聞』一九九八年二月八日）。

（4）全国の地域産業支援施設については、関満博・山田伸顯編『地域振興と産業支援施設』新評論、一九九七年、を参照されたい。

（5）岡山県水島工業地帯の状況は、小林健二「コンビナートの未来」（関満博・西澤正樹編『地域産業時代の政策』新評論、一九九五年）を参照されたい。

（6）岡山県の産業支援体制と「岡山リサーチパーク」に関しては、関満博・大野二朗編『サイエンスパークと地域産業』新評論、一九九九年、を参照されたい。

（7）これまで、三井造船は協力企業約八〇社に直接発注していたが、二〇〇〇年四月には、三井造船の資本が入っている三社（機械加工部門は三造機械加工センター、製缶部門は宇野工業、組立部門は宮原製作所）を窓口とする形に絞り込んでいる。

（8）こうした問題については、東京情報大学関満博ゼミナール『岡山県玉野地域の産業開発』一九九三年、を参照されたい。

## 著者紹介


関《せき》　満博《みつひろ》　（序章、第２章、終章）

岡本《おかもと》博公《ひろきみ》　（第１章）

大崎《おおさき》泰正《やすまさ》　（第３章）

1951年　生まれ
1983年　岡山大学法文学部卒業
現　在　㈶岡山経済研究所総括研究員

水野《みずの》真彦《まさひこ》　（第４章）

1971年　生まれ
1998年　京都大学大学院文学研究科博士課程中退
現　在　大阪府立大学総合科学部助手

長崎《ながさき》利幸《としゆき》　（第５章）

1962年　生まれ
1984年　信州大学工学部卒業
現　在　㈲アーバンクラフト代表

辻田《つじた》素子《もとこ》　（第６章）

1964年　生まれ
1988年　京都大学文学研究科修士課程修了
現　在　一橋大学大学院商学研究科博士課程

西澤《にしざわ》正樹《まさき》　（第７章）

1956年　生まれ
1981年　武蔵大学人文学部卒業
現　在　パス研究所代表、成城大学経済学部兼任講師

## 編者紹介

関《せき》　満博《みつひろ》

1948年　生まれ
1976年　成城大学大学院経済学研究科博士課程修了
現　在　一橋大学大学院商学研究科教授、経済学博士
著　書　『現代ハイテク地域産業論』（新評論、1993年）
『上海の産業発展と日本企業』（新評論、1997年）
『日本企業／中国進出の新時代』（新評論、2000年）他

岡本博公《おかもとひろきみ》

1947年　生まれ
1976年　京都大学大学院経済学研究科博士課程修了
現　在　同志社大学商学部教授、経済学博士
著　書　『現代鉄鋼企業の類型分析』（ミネルヴァ書房、1984年）
『現代企業の製・販統合』（新評論、1995年）他

挑戦する企業城下町
—造船の岡山県玉野—　（検印廃止）

2001年3月31日　初版第1刷発行

編　者　関　満博
岡本博公

発行者　武市一幸

発行所　株式会社　新評論

〒169-0051　東京都新宿区西早稲田3-16-28
電話　03(3202)7391
振替　00160-1-113487

落丁・乱丁本はお取り替えします
定価はカバーに表示してあります

印刷　新栄堂
製本　協栄製本



ISBN 4 - 7948 - 0516 - 0
Printed in Japan

| | | | |
|---|---|---|---|
| 関満博<br>鵜飼信一 | 編 | 人手不足と中小企業 | 2200円 |
| 関満博<br>一言憲之 | 編 | 地方産業振興と企業家精神 | 2800円 |
| 関満博<br>山田信顕 | 編 | 地域振興と産業支援施設 | 2800円 |
| 関満博<br>池谷嘉一 | 編 | 中国自動車産業と日本企業 | 3200円 |
| 関満博<br>福田順子 | 編 | 変貌する地場産業 | 3200円 |
| 関満博<br>大野二朗 | 編 | サイエンスパークと地域産業 | 3200円 |
| 関満博<br>富沢木実 | 編 | モノづくりと日本産業の未来 | 2600円 |
| 関満博<br>大塚幸雄 | 編 | 阪神復興と地域産業 | 4500円 |
| 関満博<br>小川正博 | 編 | 21世紀の地域産業振興戦略 | 2800円 |